未知中的已知
代數的

千年發展史！

勾股定理 × 大衍求一術
代數求解 × 幾何作圖

張遠南，張昶 著

從代數學發展到生活中的應用，
數學用「未知」來解答！

撞球打得好，竟然是要靠數學知識？按照入射角與反射角的規律！
NASA 發射的太空船，要用「數學訊息」跟外星人交流？
普林斯頓大學的教授怎麼用盆栽藝術來研究代數方程式？

- ➤

撞球遊戲、皇冠疑雲、盆栽代數論文、水晶排列組合⋯⋯
古典數學發展上千年，都用「未知」的代數來破解！

目錄

目錄

序

　　我們的世界充滿著未知，這種未知以極強的誘惑力，引導人類去探索、進取。

　　在數學中，形形色色的方程式，無疑是自然界最簡明的、「未知」的表示方式。在數千年漫長的歷史長河中，人類用自己的智慧，開闢了無數從未知通向已知的路，使巍峨的代數學宮殿顯得更加金碧輝煌！

　　對年輕一代，古老的方程式理論，仍不失是科學大廈的基石。然而本書沒有打算，也不可能對此做完整的論述，那是教科書的任務。本書的目標，只是想激發讀者的興趣，並由此引發他們自覺學習這門知識的欲望。因為作者認定，興趣是最好的老師，一個人對科學的熱愛和獻身，往往是從興趣開始的。然而人類智慧的傳遞，是一項高超的藝術。從教到學，從學到會，從會到用，從用到創造，這是一連串極為主動、積極的過程。作者在長期實踐中，深感普通教學的局限和不足，希望能透過非教學的方法，嘗試人類智慧的傳遞和接力。

序

　　由於作者所知有限，書中的錯誤在所難免，敬請讀者不吝指出。

　　但願本書能為滋潤智慧，充當雨露！

張遠南

一、

王冠疑案的始末

在地球零度經線穿過的地方，有一片介於亞、歐、非三大洲之間的著名水域，叫地中海。地中海的北濱，有一個形狀酷似長靴的半島，叫亞平寧半島（義大利半島）。與半島隔海相望的，便是地中海的第一大島西西里島。在遠古時代，島上有一個濱海的敘拉古城，是一個城堡國家。

西元前 241 年，羅馬遠征軍在與迦太基人的戰爭中，奪得除了敘拉古城以外的整個西西里。西元前 214 年，馬塞拉斯（Marcus Claudius Marcellus）率領羅馬大軍再度進攻敘拉古城。羅馬軍在敘拉古城外團團圍定。羅馬的戰船有恃無恐，耀武揚威地駛近敘拉古城下。敘拉古軍孤立無援，勢如累卵。

在這千鈞一髮之際，但見城內舉起無數面鏡子，把陽光集中反射到羅馬戰船上。頃刻間，戰船起火，烈焰騰空。又見敘拉古城內射出無數石彈，砸得圍城羅馬軍心膽俱裂，只得倉皇撤離。當馬塞拉斯了解這一切並非由於上天的懲罰，而是出自一位學者的智慧時，這位羅馬統帥驚呼：「我們是在與數學家打仗！」

這位使羅馬軍隊聞風喪膽的數學家，就是著名的古希臘學者阿基米德（Archimedes，西元前 287 ～前 212）。然而，就算是這位智慧超凡的阿基米德，也難免會有困惑的時候，王冠疑案便是其中一例。

傳說有一次，敘拉古國王要一名工匠用純金做一頂王冠，王冠製作得精巧絕倫，光彩熠熠，國王為此十分高興。但國王的近臣中，凡是親手拿過王冠的人，都有一種奇怪的感覺，似乎這頂王冠不像是純金做的。

大家知道，憑藉手的感覺，人們能夠輕易分辨鋁和鐵。這是因為同樣體積的鐵，比同樣體積的鋁重得多。例如，都是 1 立方公分，鋁的質量是 2.7 克，而鐵的質量是 7.8 克，鐵的質量是鋁的 2 倍多（圖 1.1）。同樣道理，1 立方公分的金，其質量是 19.3 克；而 1 立方公分的銀，其質量是 10.5 克，差不多只相當於金的一半（表 1.1）。因此，平常拿習慣金、銀的大臣們，只要把王冠放在手裡，就很容易分辨王冠是否是用純金做的。但大家都不敢貿然向國王挑明這件事，怕可能會被冠以欺君的罪名，因此只能偷偷地議論。

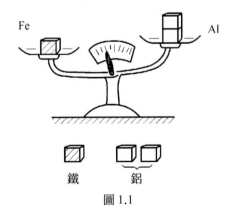

圖 1.1

表 1.1 常見物質密度比較表（在常溫下） 單位：克

物質	1 立方公分質量	物質	1 立方公分質量
水	1.00	鋁	2.7
松木	0.6～0.8	鐵	7.8
軟木	0.22～0.26	水銀	13.6
煤油	0.8	銅	8.9
汽油	0.899	鉛	11.34
海水	1.03	銀	10.5
冰	0.917	金	19.3
玻璃	2.4～2.8		

　　世上沒有不透風的牆，大臣們在背地裡的議論，最終被國王知道了。為此，國王大發雷霆，立即召來工匠，責問此事。工匠解釋道：「陛下所給的黃金，已全然用於王冠製作，不信把王冠秤一秤，一切便可清楚。」

　　王冠被精準地秤量了，質量與國王所給的純金分毫不差。這下子，國王的近臣們全都誠惶誠恐，因為若工匠誠實，他們便有欺君之罪。於是大家紛紛上奏，說難保工匠不會把一部分的金換成銀，而又把重量做成一樣。國王覺得這種說法不無道理，但仍疑信參半，於是限令大臣們在3天內，在不損壞王冠的前提下，設法查明王冠裡是否摻了銀！

　　大臣們左思右想，計無所出。終於有人想到了阿基米德，因為他的智慧是敘拉古人的驕傲。

面對難題，阿基米德也困惑了。他想，只要打開王冠看一看，一切便會水落石出。但如今不能損壞王冠，已知的東西成了未知。怎樣才能從未知中尋求已知呢？阿基米德冥思苦想了兩個晝夜，依舊一籌莫展。這時他的妻子走來，勸他去公共浴池洗個澡，好讓自己放鬆一下。

　　然而，從出發到進浴池，阿基米德的腦袋依然縈繞著王冠難題。當他跨進浴池時，水往上升，人坐下去，水立刻漫溢到池外。同時，入水越深，自我感覺身體越輕，似乎被一種神奇的力量撐托。突然，一條清晰的思路閃進了這位學者的腦海。頓時，靈感之花開啟了！阿基米德情不自禁，忘乎所以地跳出浴池，赤身裸體在大街上奔跑，嘴裡高聲喊著：「尤里卡！尤里卡！」（希臘語：「我知道了！我知道了！」）

　　那麼，是什麼讓阿基米德這樣如痴如狂，他又究竟「尤里卡」了什麼呢？原來阿基米德悟出了一條重要的定律：

　　一件東西在水裡受到的浮力，等於它所排開的水所受的重力。

　　至於阿基米德怎樣依據這條定律，最終破悉王冠疑案，請看古代名著《論建築》一書中的敘述吧！

　　於是，阿基米德拿了與王冠質量相等的純金塊，放進盛滿水的容器裡，看一看怎麼樣。結果發現，王冠排出的水比純金塊排出的水多得多。這樣，他就清楚地知道，那個王冠不是用純金做的。

　　不用說，那個弄虛作假又自作聰明的工匠，終於受到了應有的懲罰。

二、

「王冠疑案」之疑

　　王冠疑案最終成為歷史故事。從那時起，人類的文明史又向前推進了 1,800 多年。到了 1581 年，有個叫伽利略（Galileo Galilei，1564 ～ 1642）的年輕人，也對王冠疑案產生了濃厚的興趣。

　　年輕時的伽利略最敬仰的學者，是古希臘的阿基米德。平時他讀過不少阿基米德的著作，對這位古代學者研究科學周密嚴謹的態度，推崇備至。一天，當他翻看阿基米德的《浮力論》（*On Floating Bodies*）一書時，書中的一系列插圖，使他驚異不已。原來書中阿基米德把描述浮力原理的盛水容器，全部畫成如圖 2.1 的樣式，而不像一般學生那樣，把水面畫成平的。大家要知道，阿基米德時代比哥倫布 （Cristoforo Colombo，1452 ～ 1506）環球航行時代早 1,700 多年，而那時的阿基米德在講杯子裡的水面時，就已考量到它是球面的一部分，這不能不說是想得非常深遠。

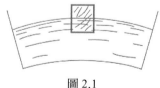

圖 2.1

　　以上的事實，使伽利略對王冠疑案的結局產生懷疑。他覺得像阿基米德這樣思維縝密的數學家，絕不會僅僅停

留在「王冠排出的水，比純金塊排出的水多得多」這樣膚淺的結論。阿基米德一定會想辦法找出王冠裡摻了多少銀。然而，若是照前文所說，就必須十分精確地測量王冠和金塊所排出水的體積，這可是極為困難的事。伽利略想，阿基米德肯定又做了另一個更加巧妙、更加精密的實驗，清楚地查出王冠中摻銀的比例。那麼，假如我是阿基米德，又該怎樣做呢？於是，伽利略開始思索如何以阿基米德發現的「槓桿原理」和「浮力原理」為基礎，去尋找揭開王冠疑案的正確方法。

皇天不負苦心人，年輕的伽利略終於獲得了成功，他把自己的想法寫成一篇題為〈小秤〉的論文。在這篇論文中，伽利略第一次展露了自己的才華。

讀者一定想知道，伽利略的「小秤」是什麼，圖 2.2 就是「小秤」的示意圖。從外觀看，它很像普通的天平，只是放砝碼的秤臂上，多了一個類似秤桿秤星的一段小分度（XY）。砝碼盤類似於秤桿的秤砣，可以在分度（XY）上移動，並從中讀出數來。不過，嚴格來說，伽利略設計的「小秤」並不小，秤臂足有 1 公尺長，只是可供讀數的分度（XY）小了些，僅有 2 ～ 3 公分罷了。

那麼分度（XY）是怎麼定的呢？請看圖 2.3。

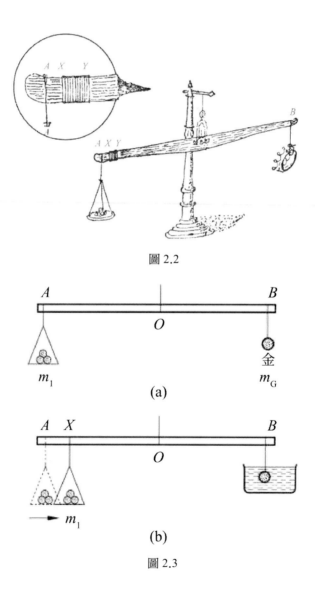

圖 2.2

圖 2.3

首先在 B 點掛上一塊純金，然後在 A 點掛上砝碼盤，使它與 B 點的金塊平衡，如圖 2.3（a）所示。接著把金塊完全浸入水中，此時由於金塊受到水的浮力，使 B 端的受力輕了一些，平衡受到破壞。為了取得新的平衡，必須把砝碼盤右移到新的平衡點，記為 X，如圖 2.3（b）所示。以下我們說明，X 點的確定與金塊的大小無關，這正是伽利略「小秤」的妙處所在！事實上，假定選用金塊的體積為 V_G，而金的密度（即單位體積金的質量）為 ρ_G，於是金所受的重力可以寫成

$$W_G = m_G g = \rho_G g \cdot V_G$$

當金塊浸入水中時，由於受到水的浮力，B 端受力減少了與金塊同體積水所受的重力。所以 B 端實際受到的力為 $(\rho_G - \rho_{水}) g \cdot V_G$，根據槓桿原理，前後兩次分別有

$$\begin{cases} W_1 \cdot OA = W_G \cdot OB = \rho_G \cdot g \cdot V_G \cdot OB \\ W_1 \cdot OX = (\rho_G - \rho_{水}) g \cdot V_G \cdot OB \end{cases}$$

這裡 $W_1 = m_1 g$

由此得

$$OX = \left(1 - \frac{\rho_{水}}{\rho_G}\right) \cdot OA$$

它是一個只與金的密度有關的確定的量。這無疑表示 X 的位置是固定不變的。

如果我們把金塊換成銀塊，重複前面的實驗，同樣可以求得對銀的一個新平衡點 Y，它也是不變的，只是比 X 更靠近支點 O 罷了。

現在我們對王冠也做同樣的實驗，確定出一個介於 X、Y 之間，相應於王冠的平衡點 Z（圖 2.4）。伽利略在〈小秤〉一文中斷言：「長度 ZY 與 XZ 的比，即王冠中金與銀含量的比。」

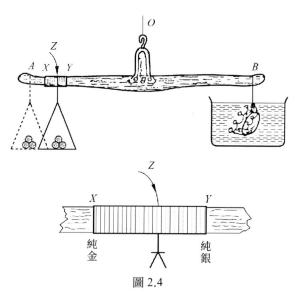

圖 2.4

伽利略的證明對大多數學生來說，都不難看懂。假設王冠的質量為 m_K，其中含金、銀的質量分別為 u、v，又用 ρ_S、ρ_K 分別代表銀和王冠的密度，那麼，根據質量和體積相等的關係，就有

$$\begin{cases} u + v = m_K \\ \dfrac{u}{\rho_G} + \dfrac{v}{\rho_S} = \dfrac{m_K}{\rho_K} \end{cases}$$

這是二元一次方程組，很容易解得

$$u = \frac{\dfrac{1}{\rho_S} - \dfrac{1}{\rho_K}}{\dfrac{1}{\rho_S} - \dfrac{1}{\rho_G}} \cdot m_K, \quad v = \frac{\dfrac{1}{\rho_K} - \dfrac{1}{\rho_G}}{\dfrac{1}{\rho_S} - \dfrac{1}{\rho_G}} \cdot m_K$$

從而，王冠中的金與銀的質量比為

$$u : v = \left(\frac{1}{\rho_K} - \frac{1}{\rho_S} \right) : \left(\frac{1}{\rho_G} - \frac{1}{\rho_K} \right)$$

另一方面注意到（同於 OX 的求法）

$$OY = \left(1 - \frac{1}{\rho_S} \right) \cdot OA ; \quad OZ = \left(1 - \frac{1}{\rho_K} \right) \cdot OA$$

於是

$$ZY : XZ = \left[\left(1 - \frac{1}{\rho_S}\right) - \left(1 - \frac{1}{\rho_K}\right)\right] : \left[\left(1 - \frac{1}{\rho_K}\right) - \left(1 - \frac{1}{\rho_G}\right)\right]$$

$$= \left(\frac{1}{\rho_K} - \frac{1}{\rho_S}\right) : \left(\frac{1}{\rho_G} - \frac{1}{\rho_K}\right)$$

上面的比值恰好等於 u：v。這正是伽利略的結論。

1,700 多年前的王冠疑案，到了伽利略手中，終於有了一個令人滿意的結論。至於阿基米德當初是否這樣做過，或是否曾經這樣想過，現在都已無從查考。然而，伽利略的才華，卻因〈小秤〉的精巧構思，開始嶄露頭角。

三、

丟番圖和勾股數（畢氏三元數）

　　古往今來，大概只有數學家的墓誌銘最為言簡意賅。他們的墓碑上往往只刻著一個圖形或寫著一個數，但這些形和數，卻代表了他們一生的執著追求和閃亮業績。

　　在〈一、王冠疑案的始末〉中的那個古希臘數學家阿基米德的墓碑上，刻著一個圓柱，圓柱裡內切著一個球，這個球的直徑恰與圓柱的高相等。這個圖形表達了阿基米德的以下發現：球的體積和表面積都等於它外接圓柱體體積和表面積的 2/3。由此容易推得一個半徑為 R 的球體的體積 V 和表面積 S 的公式

$$V = \frac{4}{3}\pi R^3$$

$$S = 4\pi R^2$$

　　令人難以置信的是，這個豎立於敘拉古的阿基米德墓碑，不是由阿基米德的朋友修建的，而是由敬畏他的敵人 —— 也就是那個圍攻敘拉古的羅馬軍隊統帥 —— 馬塞拉斯修建的。

　　1610 年，荷蘭人范科伊倫（Ludolph van Ceulen，1540 ～ 1610）把 π 算到小數點後面 35 位，這是當時的世界紀錄。他感到自己不虛此生，於是留下遺言，要後人把 π 的 35 位小數刻在他的墓碑上。

17 世紀瑞士的著名數學家雅各布‧白努利（Jacob Bernoulli，1654 ～ 1705），在數學的許多分支都有過重要的貢獻，尤其醉心於對數螺線的美妙性質。他在臨終前特地叮囑，要求將一正一反的兩條對數螺線刻在他的墓碑上，並附以簡潔而又含義雙關的墓誌銘：「我雖然變了，但卻和原本一樣！」

在眾多數學家的墓誌銘中，被譽為「代數學鼻祖」的丟番圖的墓誌銘，可算是一個例外。丟番圖（Diophantus，246 ～ 330）是 3 世紀亞歷山卓港人，他的名著《算術》（*Arithmetica*）對後世影響深遠，是一部可與歐幾里得（Euclid，約西元前 330 ～前 275）的《幾何原本》相媲美的代數學的最早論著。丟番圖的墓誌銘很奇特，用一種未知的方式寫出已知的一生：

過路人！這裡埋著丟番圖的骨灰，下面的數字可以告訴你他活了多少歲。

他生命的 1/6 是幸福的童年。

再活 1/12，臉頰上長出了細細的鬍鬚。

又過了生命的 1/7 他才結婚。

再過了 5 年，他感到很幸福，生了一個兒子。

可是這孩子光輝燦爛的生命，只有他父親的一半。

兒子死後，老人在悲痛中活了 4 年，結束了塵世生涯。

請問：丟番圖活了多少歲？幾歲結婚，幾歲生孩子？

這段散發著代數芳香的碑文，是歷史留給後人關於這位學者生平的唯一訊息。根據這個訊息，我們可以列出方程式

$$\frac{x}{6} + \frac{x}{12} + \frac{x}{7} + 5 = \frac{x}{2} - 4$$

解得 x = 84。即丟番圖享年 84 歲，他 33 歲結婚，38 歲得子。

儘管人們對丟番圖的生平知之不多，但對他的學術造詣卻頗為了解。尤其丟番圖關於二次不定方程式的巧妙解答，更讓後人嘆為觀止。以下講的勾股陣列便是其中一例。

在兩千年前成書的《周髀算經》中，記載了那時周公與商高的一段有趣對話。書中還有一張勾股定理（畢氏定理）證明圖（圖 3.1），叫「弦圖」。

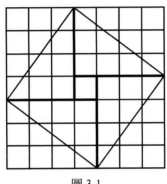

圖 3.1

勾股定理的一般表述是：假設 x、y 是一個直角三角形的兩條直角邊長，z 是斜邊長，那麼這 3 個數必須滿足

$$x^2 + y^2 = z^2$$

西方最早發現這個定理的，是古希臘的畢達哥拉斯（Pythagoras，約西元前 580～前 500）。除證明以外，他還找到了如下求勾股陣列的式子：

$$\begin{cases} x = n \\ y = \dfrac{1}{2}(n^2 - 1) \\ z = \dfrac{1}{2}(n^2 + 1) \end{cases} \quad (n\ 為正奇數)$$

後來另一位古希臘著名學者柏拉圖（Plato，西元前 427～前 347）也給出了類似的式子。

丟番圖發現，無論是畢達哥拉斯還是柏拉圖的式子，都未能給出全部勾股陣列，例如 8，15，17 就不在畢達哥拉斯的式子中。於是丟番圖致力於尋求構造勾股數的一般法則。丟番圖找到的這種法則是：若 a、b 是兩個正整數，且 2ab 是完全平方，則

$$\begin{cases} x = a + \sqrt{2ab} \\ y = b + \sqrt{2ab} \\ z = a + b + \sqrt{2ab} \end{cases}$$

是一組勾股數。

丟番圖究竟怎麼找到這些式子，我們今天無從得知，但讀者完全可以驗證它們滿足方程式

$$x^2 + y^2 = z^2$$

用丟番圖的方法，我們可以得到最前面的幾組勾股數（表 3.1）。

表 3.1 幾組勾股數

a	b	$x^2 + y^2 = z^2$
1	2	$3^2 + 4^2 = 5^2$
1	8	$5^2 + 12^2 = 13^2$
2	4	$6^2 + 8^2 = 10^2$
1	18	$7^2 + 24^2 = 25^2$
2	9	$8^2 + 15^2 = 17^2$
3	6	$9^2 + 12^2 = 15^2$
1	32	$9^2 + 40^2 = 41^2$
2	16	$10^2 + 24^2 = 26^2$
⋮	⋮	⋮

丟番圖的功績在於，他所找到的式子包含了全部的勾股陣列。值得一提的是，與丟番圖同時代的中國魏晉時期數學家劉徽，用幾何的方法，找到了以下求勾股陣列的公式：

$$\begin{cases} x = uv \\ y = \dfrac{1}{2}(u^2 - v^2) \\ z = \dfrac{1}{2}(u^2 + v^2) \end{cases} \quad \left(\begin{array}{l} u \cdot v \text{為同奇偶的} \\ \text{正數；且 } u > v \end{array} \right)$$

這個結論載於 263 年劉徽對一部古籍算書的注釋本。這是迄今為止，人們對勾股陣列最為完美的表示之一。

久遠的年代，往往使事件籠罩一層神祕的色彩。1945年，人們驚奇地發現一份古巴比倫人的數學手稿。據考證，其年代遠在商高和畢達哥拉斯之前，大約在西元前1900～前 1600 年。手稿中令人難以置信地列出了以下 15組勾股數（表 3.2）。

表 3.2 古巴比倫人的數學手稿中的 15 組勾股數

序號	勾股數組	序號	勾股數組
1	119,120,169	9	481,600,769
2	3367,3456,4825	10	4961,6480,8161
3	4601,4800,6649	11	45,60,75
4	12709,13500,18541	12	1679,2400,2929
5	65,72,97	13	161,240,289
6	319,360,481	14	1771,2700,3229
7	2291,2700,3541	15	56,90,106
8	799,960,1249		

表 3.2 中的許多勾股數具有很大的數字，這些數，即使在今天也不是人人都很熟悉。天曉得古巴比倫人當時是怎麼得到這些數的！如果考古學家堅信自己沒有對歷史年代判斷錯誤的話，那麼上面的史實顯示：在世界的其他地方還不知道 3、4、5 的關係時，古巴比倫人已有相當燦爛的文化。這無疑為人類早期的文明史，增添了一個千古之謎！

四、

懸賞 10 萬馬克的問題

第三節中我們說到，早在 3 世紀，丟番圖實際上已經給出了不定方程式 $x^2 + y^2 = z^2$ 的全部正整數解。

1621 年，才華橫溢、學識淵博的法國數學家皮埃爾·德·費馬（Pierre de Fermat，1601 ～ 1665）在巴黎的書攤上買到了一本巴夏翻譯的拉丁文《算術》。這部古希臘數學家丟番圖的著作，引起了費馬的濃厚興趣，此後 10 多年，他經常翻看此書，還不時用拉丁文在書頁的空白處寫下批注。

費馬是 17 世紀歐洲最負盛名的一位數學家，也是公認的數論和機率論的創始人之一。他善於提問，富於探索，在數學的許多領域中，有極深的造詣和輝煌的成就。只是費馬性格怪異，從不願意公開發表著作。他的大多數研究成果，不是在與友人的通訊之中，就是批注在閱讀過的書籍之上。1665 年費馬病逝，留下一大堆手稿和信札。1670 年，費馬的兒子在整理父親遺留下的書籍時，偶然間發現在巴夏譯的那本丟番圖的書上，有一段父親 30 多年前（即 1637 年）用拉丁文寫下的批注：

將一個正整數的立方表示為兩個正整數的立方和；將一個正整數的 4 次冪表示為兩個正整數的 4 次冪的和；或者一般地，將一個正整數高於二次的冪表示為兩個正整數同次冪的和，這是不可能的。對此，我確信已經找到了令

人驚異的證明，但是書頁的邊緣太窄了，無法把它寫下。

費馬的這段批注，寫在《算術》書中的第 2 卷第 8 命題旁邊，這個命題就是第三節所說的，求不定方程式 $x^2 + y^2 = z^2$ 的整數解。因而我們可以把費馬聲稱獲證的論斷，類似地簡述為：當 n ≥ 3 時，不定方程式 $x^2 + y^2 = z^2$ 沒有整數解。

費馬批注的公開，引起了人們極大的興趣。費馬的兒子翻箱倒櫃，查遍了父親的藏書、遺稿和其他遺物，熱切期望能找到那個「令人驚異」的證明，但始終一無所獲。許多優秀的數學家也為尋求費馬的證明方法，付出了巨大的努力和艱辛的工作，然而都未能獲得成功。在一連串的失敗和挫折之後，人們開始懷疑，費馬是否充分論證過他的定理。

隨著時間的流逝，這個以費馬命名的猜想，成為向人類智慧挑戰的一道舉世聞名的難題。

第一個富有歷史性的突破，出現於 1779 年。聖彼得堡科學院（俄羅斯科學院）院士尤拉（Leonhard Euler，1707 ～ 1783）採用無窮遞減法，成功地證明了當 n = 3、n = 4 時，費馬猜想是成立的。此後，問題又沉寂了近 50 年。到了 1823 年，法國數學家阿德里安・勒讓德（Adrien Legendre，1752 ～ 1833）重新吹響了進軍號。他證明了

當 n = 5 時,費馬猜想成立。8 年之後,一位完全靠自學成才的法國婦女索菲・熱爾曼(Sophie Germain,1776 ~ 1831),憑著獨有的聰明和才智,把結果向前大大推進了一步:在假定 x、y、z 與 n 互質的前提下,證明了對小於 100 的奇質數,費馬猜想都是正確的。

受熱爾曼的啟發,人們發現,如果把費馬猜想中的條件放寬,例如附加上 n ≥ z 的限制,那麼整個證明將變得容易。事實上,這時我們不妨假設

$$n \geq z \geq y \geq x$$

於是有

$$z^n - y^n = (z - y)(z^{n-1} + z^{n-2}y + z^{n-3}y^2 + \cdots y^{n-1})$$
$$> 1 \cdot nx^{n-1} > x^n$$

從而 $x^n + y^n < z^n$,這說明此時費馬猜想成立。

然而不放寬條件恰恰是問題的困難所在,使千萬人為此嘔心瀝血。

指數 n 的紀錄隨時間的推移在緩慢地更新著。1840 年法國的勒貝格(Lebesgue)證明了 n = 7 時猜想成立。1849 年德國的庫默爾(Ernst Eduard Kummer)用一種精妙的方法,取消了熱爾曼關於 x、y、z 的限制。至此,

指數的上限正式推進到 100，前後共經歷了 200 年的漫長歲月，現實使人們對這個問題刮目相看！1850 年和 1853 年，法國科學院兩次決定，懸賞 2,000 金法郎，徵求對費馬猜想的一般性證明。消息傳出，群情振奮，重賞之下，的確也獲得了一些進展，指數上限從 100 升到了 216。

1900 年，正當人類跨進 20 世紀之際，第二屆國際數學家會議在巴黎召開。德國數學家希爾伯特（David Hilbert，1862 ～ 1943）向大會提出了 23 個 20 世紀需要攻堅的難題，其中就有費馬猜想的證明。1908 年，為了激勵人們探索，德國哥廷根科學院決定以 10 萬馬克的鉅額懸賞，徵求對費馬猜想的完整證明，限期為 100 年。

隨著電腦技術的迅速發展，數學家們已將費馬猜想中的指數上限一再重新整理，從 216 推進到 12.5 萬。到 1987 年，美國加州大學的羅瑟教授又把 n 的上限推進到 4,100 萬。當然，這與當時人們所要追求的目標，依然相距十分遙遠。另一方面，若想要舉出一個反例，似乎要比證明問題本身更困難得多。

令人感到驚奇的是，20 世紀最偉大的數學家之一 —— 前面講到的那位大名鼎鼎的哥廷根大學教授 —— 希爾伯特，曾經聲稱他已經找到了開啟費馬猜想的神祕鑰匙。不過，由於他認為「留著這個問題，比解決這個問題

更能促進後人對數學的開拓、創新」而至死不宣。從而，又讓人世間留下了一個與費馬猜想相似的謎。

令人欣慰的是，就在 10 萬馬克懸賞期限即將到來之際，數學界終於傳來振奮人心的消息。1993 年 6 月，英國數學家安德魯·懷爾斯（Andrew Wiles，1953 ～）在劍橋大學牛津研究所的一次會議上宣布，他證明了費馬猜想。消息傳出，威震寰宇。

不久，懷爾斯發現自己的證明有一個漏洞，一年之後他補上了這個漏洞，並通過國際數學界的權威審查。至此，這個困擾人類 300 多年的難題，終於被人類智慧所征服。1997 年 6 月，德國哥廷根大學宣布將為此而設定的 10 萬馬克（約 200 萬美元）獎金，授予對此做出重大貢獻的數學英雄懷爾斯！

今天，費馬猜想雖然已經畫上句號，但 3 個多世紀以來無數人的不懈努力，為數學累積下的寶貴財富，遠比該問題本身帶給人們的多更多。

五、

架設通向已知的金橋

　　這個世界充滿著未知，人類的智慧正架設著千千萬萬座從未知通向已知的金橋。形形色色的方程式和它們的求解過程，無疑是這些橋梁中最為動人的幾座。

　　現今的人們，已經習慣用字母 x、y 等代表未知數，並用各種極為簡練的符號，表示未知數和已知之間的種種運算關係，從而構成了形式各異的代數式。兩個代數式之間用「＝」加以連線，就得到今天大家常見的方程式。然而，發展到現有學校課本上看到的一切，經歷了相當漫長的歲月。符號「＋」與「－」的使用，始於 1489 年。「×」號出現於 17 世紀初，「÷」號更晚些。作為方程式代表的近代等號「＝」，則最早見於 1557 年，羅伯特・雷科德（Robert Recorde，1510～1558）的《礪智石》（*The Whetstone of Witte*）一書中。雷科德曾經極為明確地說，他選擇兩條等長的平行線作為等號，是因為它們再相等不過了。用字母表示數，是一個極大的創造。它使更加深奧的代數理論的形成成為可能，這個功績首推法國數學大師韋達（Francois Vieta，1540～1603）。韋達的名字，因其提出二次方程式根與係數的關係，而被廣大學生所熟悉。韋達定理指出：若方程式 $ax^2 + bx + c = 0$ 的兩根為 x_1、x_2，那麼有

$$\begin{cases} x_1 + x_2 = -\dfrac{b}{a} \\[2mm] x_1 x_2 = \dfrac{c}{a} \end{cases}$$

　　由於沒有一套良好的符號系統，古代的歐洲和阿拉伯數學家，都為形如 ax ＋ b ＝ 0 這樣簡單的一元一次方程式困惑過。這似乎是不可思議的，因為在今天，任何一個中學生對這種方程式都是不屑一顧的。然而古代數學家曾為此求助於一種較為煩瑣的「試位法」。這種方法的要點，是把兩個猜測的未知數值 g_1、g_2 代入方程式的左端，算得

$$\begin{cases} ag_1 + b = f_1 & \qquad (1) \\ ag_2 + b = f_2 & \qquad (2) \end{cases}$$

式（1）－式（2）得

$$a(g_1 - g_2) = f_1 - f_2 \qquad (3)$$

由式（1）、（2）得

$$\begin{cases} ag_1 g_2 + bg_2 = f_1 g_2 \\ ag_1 g_2 + bg_1 = f_2 g_1 \end{cases}$$

上兩式相減

$$b(g_2 - g_1) = f_1 g_2 - f_2 g_1 \qquad (4)$$

式（4）÷（3）得

$$-\frac{b}{a} = \frac{f_1 g_2 - f_2 g_1}{f_1 - f_2}$$

於是

$$x = \frac{f_1 g_2 - f_2 g_1}{f_1 - f_2}$$

這就是滿足方程式的未知數值。以上的演算過程，常見於 9 世紀的阿拉伯數學著作中。比起這些，早在 1 世紀成書的數學著作《九章算術》中，就曾使用過同樣的方法。不過，那時用的是另一個名稱，叫「盈不足」。

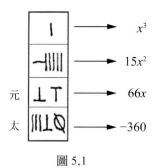

圖 5.1

中國古代的數學有獨特的風格。那時，人們稱未知數為「元」，稱常數為「太」，而數的指數和冪則是根據它們的位置來確定。例如，圖5.1方格表示一個方程式。方格中的符號是一種古老的記數法，從上到下依次表示1，15，66和－360，後者的負值是因為加有一條斜線。未知數的冪次，根據元以上格子的排列決定，圖5.1的右邊，列的是對應位置代表的未知數冪次。這樣，方格圖所表示的方程式為

$$x^3 + 15x^2 + 66x - 360 = 0$$

對更為複雜的方程式，使用的是如圖5.2（a）那樣的方格陣。正中央的「太」是常數項，四向分別表示4個未知數和它們的冪，圖5.2（b）即表示以下的四元一次方程式：

$$x - 2y + 2z + 3w - 5 = 0$$

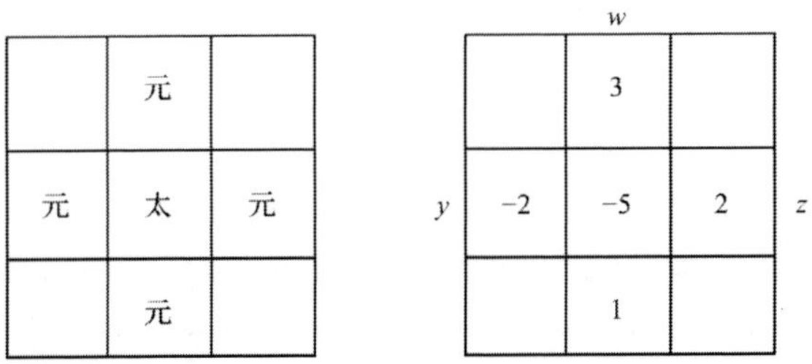

	元	
元	太	元
	元	

	w 3	
y −2	−5	2 z
	1	

(a) (b)

圖 5.2

而圖 5.3 則表示更為複雜的式子：

$$2y^3 - 8y^2 - xy^2 + 28y + 6xy - x^2 - 2x$$

圖 5.4 左側表格是 2,000 年前用以解一次聯立方程組的圖表。我想無須做更多解析，讀者就可把它與右側方程組的關係弄得一清二楚。

y			
2	−8	28	太
0	−1	6	−2
0	0	0	−1

x

圖 5.3

1	2	3	(x)
2	3	2	(y)
3	1	1	(z)
26	24	39	

$\Rightarrow$

$x + 2y + 3z = 26$

$2x + 3y + z = 24$

$3x + 2y + z = 39$

圖 5.4

需要提到的是，中國古代數學家求解方程式是在一種叫「籌算盤」上進行的，這實際上是一種放大的方格陣。配合計算的工具，稱為「算籌」。它是一種直徑1分（1/3

公分）、長 6 吋（20 公分）的細棍，竹製或骨製，分兩色，其中一色代表負數。圖 5.5 是 1971 年 8 月，在陝西省的一座西漢墓中出土的骨算籌照片，出土時，這些骨算籌裝在死者腰部的一個私囊裡。據記載，用算籌計算時，計算者把它扔向籌算盤中的預定格子，然後挪動調整，進行各種計算。善算的人，能夠運籌如飛，讓人目不暇接。南北朝時期的偉大數學家祖沖之（429 ～ 500），就是用這種方法求得圓周率 π 的值介於 3.1415926 與 3.1415927 之間。這比西方國家獲得相同結果早了整整 1,000 年。可見，古人的這種質樸的計算形式，的確已達到登峰造極的地步。

圖 5.5

　　在古代歐洲，對幾何學所做的貢獻，似乎要遠遠超過代數。儘管古希臘的丟番圖曾在代數方面有過建樹，但終因未能有人繼承，而導致中世紀西方代數學的衰落。直至 16 世紀，在吉羅拉莫・卡丹諾（Girolamo Cardano，1501 ～ 1576）和尼科洛・塔爾塔利亞（Nicolo Tartaglia，

1499～1557）之間的一次震撼數學界的論戰之後，歐洲的代數學才開始真正的起步。

西方代數學衰落之際，恰恰是東方代數學的鼎盛時期。早在 1 世紀的《九章算術》中，就出現了求解二次方程式的實際問題。書上還有一道古樸有趣的題目：「今有池，方一丈，葭（蘆葦）生其中央，出水一尺。引葭赴岸，適與岸齊，問水深幾何？」這道題後來被傳到了中亞、印度和歐洲。

3 世紀的《孫子算經》對一次不定方程式做了相當深刻的論述。5 世紀祖沖之的《綴術》一書，詳盡指明了求分數近似值的方法。13 世紀的宋朝，代數學達到很高的水準，出現了秦九韶（約 1202～1261）、楊輝（約 13 世紀中葉）等一群偉大的數學家。在 1247 年出版的《數書九章》中，秦九韶不僅探討了三次、四次方程式，還探討了十次方程式，同時發展和完善多項式方程式近似根的求法 —— 增乘開平方法。這個重要方法的要領，在於先估方根的逐位數字，爾後隨乘隨加。比如求解方程式

$$x^2 + 25x - 78524 = 0$$

初估此方程式中 x 的近似值為 200，令 x ＝ y ＋ 200，代入後得 y 的方程式

$$y^2 + 425x - 33524 = 0$$

再估 y 的近似值為 60，再令 y ＝ z ＋ 60，代入後，得 z 的方程式

$$z^2 + 545z - 4424 = 0$$

此方程式的根為 8，因此原方程式根為 268。

西方國家最早提出類似方法的是義大利的保羅‧魯菲尼（Paolo Ruffini，1765 ～ 1822）和英國的 W‧G‧霍納（W. G. Horner，1786 ～ 1837）。他們的發現，少說也比秦九韶晚了 500 年。

六、

一場震撼數學界的論戰

　　在〈五、架設通向已知的金橋〉中說到，歐洲的代數學，在卡丹諾和塔爾塔利亞之間那場著名的論戰之後，才有了真正的起步。要弄清楚這場撼動數學界論戰的來龍去脈，我們還得分別說起。

　　話說 16 世紀的最初幾年，在義大利最古老的波隆納大學，有一位叫費羅（Ferro，1465 ～ 1526）的數學教授，他潛心於研究當時的世界難題 —— 一元三次方程式的公式解。

　　大家知道，儘管在古代的巴比倫和中國，都已掌握了某些一元二次方程式的解法，但一元二次方程式的公式解，卻是由中亞數學家花拉子米（Al-Khowarizmi，約 783 ～ 850）在 825 年給出的。花拉子米是把方程式 $x^2 + ax + b = 0$ 改寫為

$$\left(x + \frac{a}{2}\right)^2 = \frac{a^2}{4} - b$$

的形式，從而得出方程式的兩個根

$$x = -\frac{a}{2} \pm \sqrt{\frac{a^2}{4} - b}$$

　　花拉子米以後，許多數學家為探求三次方程式解法的奧祕，進行過不懈的努力。但在 700 年漫漫長河中，除了

獲得個別方程式的特解之外，沒有人能獲得實質性進展。在嚴峻的現實面前，有些人卻步了，他們懷疑這樣的公式解根本不存在。然而費羅卻不以為然，依舊執著地追求。皇天不負苦心人，他終於在不惑之年，獲得重大突破。1505 年，費羅宣布，他找到了形如

$$x^3 + px = q$$

的三次方程式的一個特別情形的解法。在那個時代，為了能在當時頗為流行的數學競賽中大放光輝，數學家們都力圖保有自己發現的祕密，所以費羅當時沒有公開發表自己的成果是不足為怪的。但費羅始終未能找到一個得以顯露自己才華的機會，就抱恨逝去了，以至於人們至今還無法完全解開費羅解法之謎。然而，人們似乎確切地知道，費羅曾把自己的方法傳授給一個得意門生，威尼斯的佛羅雷都斯。

現在話題轉到另外一邊。義大利北部的布雷夏，有一個小有名氣的年輕人叫尼科洛‧塔爾塔利亞。他幼年喪父，家境貧寒，還受過九死一生的磨難。傷痛、恐懼和驚嚇，留給他一個口齒不清的結巴症狀。後來他乾脆改名為「塔爾塔利亞」，即義大利語「結巴」。

　　小塔爾塔利亞天資聰慧，勤奮好學。他研究物理，鑽研數學，很快顯露出超人的才華。尤其是他發表的一些論文，思路奇特，見地高遠，表現出其相當深的數學造詣，從而一時間聞名遐邇。

　　塔爾塔利亞的自學成材，受到當時科班出身的一些人的輕視和妒忌。1530 年，布雷夏的一位數學教師，向塔爾塔利亞提出兩個挑戰性問題，想以此難倒對方。這兩個問題是：

　　（1）求 1 個數，其立方加上平方的 3 倍等於 5。

　　（2）求 3 個數，其中第 2 個數比第 1 個數大 2，第 3 個數又比第 2 個數大 2，它們的積為 1000。

　　這實際上是兩道求三次方程式實根的題目，如果設題中的第 1 個數為 x，則第 1 道題的方程式是 $x^3 + 3x^2 - 5 = 0$，第 2 道題的方程式是 $x^3 + 6x^2 + 8x - 1000 = 0$。塔爾塔利亞求出了這兩個方程式的實根，從而贏得這場挑戰，並因此聲名大噪。

　　消息傳到波隆納大學。費羅的學生佛羅雷都斯聽到，在布雷夏居然也有人會解三次方程式，心中感到有點不是滋味。他原以為自己得名師單傳，此生此世應該是獨一無二的，不料半路殺出一個「程咬金」，而且還是一個不登大雅之堂的小人物，怎能讓人信服？於是他們幾經協商，

終於決定於 1535 年 2 月 22 日，在義大利第二大城市米蘭，公開舉行數學競賽。雙方各出 30 道題，在 2 小時之內決定勝負。

賽期將近，塔爾塔利亞因自己是自學而感到有點緊張。他想，「佛羅雷都斯是費羅的弟子，說不定他會拿解三次方程式來為難自己，那麼自己要怎麼應對呢？」他又想，「自己已經掌握的這類解法，跟費羅的解法相差有多遠呢？」他苦苦思索著，腦海中的思路不斷進行各種新的組合，這些新的組合終於撞擊出靈感的火花。在臨賽前 8 天，塔爾塔利亞終於找到進一步解三次方程式的方法。為此他欣喜若狂，並充分利用剩下的 8 天時間，一面熟悉自己的新方法，一面精心構造了 30 道只有運用新方法才能解出的問題。

1535 年 2 月 22 日，米蘭的哥德式大理石教堂內，萬頭攢動，熱鬧非凡，大家翹首等待競賽的到來。比賽開始了，雙方所出的 30 道題都是令人眩目的三次方程式問題。但見塔爾塔利亞從容不迫，運筆如飛，在不到 2 小時的時間內，解完了佛羅雷都斯的全部問題。與此同時，佛羅雷都斯提筆卻望題興嘆，一籌莫展，最終以 0：30 敗下陣來！

消息傳出，數學界為之震撼。在米蘭市有一個人坐不住了，他就是當時馳名歐洲的醫生卡丹諾。卡丹諾不僅醫術

高超，而且精於數學，曾發表過不少數學論文，並精心研究過三次方程式問題，但無所獲。所以當他聽到塔爾塔利亞已經掌握三次方程式的解法時，滿心希望能分享這個成果。然而當時的塔爾塔利亞已經響滿歐洲，所以並不打算把自己的成果立即發表，而是醉心於完成《幾何原本》的巨型譯作。對眾多的求教者，他一概拒之門外。當過醫生的卡丹諾，熟諳心理學的要領，以勤奮、刻苦、真誠打動塔爾塔利亞，讓他似乎見到自己曾經的影子，從而成為唯一的例外。1539 年，在卡丹諾的再三懇求下，塔爾塔利亞終於同意把自己的祕訣傳授給他，但有一個條件，就是要嚴守祕密。然而卡丹諾並沒有遵守這個諾言。1545 年，他用自己的名字發表了《大術》（*Ars Magna*，意即偉大的技藝）一書，書中介紹了不完全三次方程式的解法，並寫道：

大約 30 年前，波隆納的費羅就發現了這個法則，並傳授給威尼斯的佛羅雷都斯，後者曾與塔爾塔利亞進行過數學競賽。塔爾塔利亞也發現了這個方法。在我的懇求下，塔爾塔利亞把方法告訴了我，但沒有給出證明。藉助於此，我找到了若干證法，因其十分困難，現將其敘述如下。

以上，就是後來人們把三次方程式的求根公式，稱為卡丹諾公式的緣由。

卡丹諾指出，對不完全三次方程式

$$x^3 + px + q = 0$$

公式

$$x = \sqrt[3]{-\frac{q}{2} + \sqrt{\frac{q^2}{4} + \frac{p^3}{27}}} + \sqrt[3]{-\frac{q}{2} - \sqrt{\frac{q^2}{4} + \frac{p^3}{27}}}$$

給出了它的解。

順便要說的是，從完全三次方程式 $ax^3 + bx^2 + cx + d = 0$，到不完全三次方程式，只需施行一個變換 $y = x + \frac{b}{3a}$。這實際上只有一步之遙。

《大術》發表第二年，塔爾塔利亞發表了〈種種疑問及發明〉一文，譴責卡丹諾背信棄義，並要求在米蘭與卡丹諾公開競賽，一決雌雄。然而到參賽那天，出陣的並非卡丹諾本人，而是他的天才學生，一位從小當過僕人，因才華出眾而被卡丹諾看中的年輕人費拉里（Lodovico Ferrari，1522 ～ 1565）。此時的費拉里風華正茂、思維敏捷、能言善辯。他不僅掌握了解三次方程式的要領，且已經發現四次方程式極為巧妙的解法。此時的塔爾塔利亞哪是費拉里的對手，完全不堪一擊，狼狽敗返！此後，塔爾塔利亞雖然潛心於代數學的鴻篇巨帙，但終因此番挫折，心神俱傷，於 1557 年溘然與世長辭，享年 58 歲。

七、

死後方得榮譽

　　16 世紀的歐洲，自然科學的發展突飛猛進。哥白尼的日心說，對幾千年來上帝創造世界的宗教傳說，給予致命的打擊。哥倫布和麥哲倫等人在地理上的發現，為地圓說提供了無可辯駁的證據。伽利略在物理方面的工作，使人類對宇宙有了新的認知。被視為「自然科學皇后」的數學，從 16 世紀到 18 世紀，群星璀璨，出現了笛卡兒、帕斯卡（Bryce Pascal）、牛頓、萊布尼茲（Gottfried Wilhelm Leibniz）、尤拉、高斯、拉普拉斯、拉格朗日等一大批傑出的數學家。他們交相輝映，把數學推進到一個更為廣闊深刻的境地。座標的出現、複數的應用、微積分的創立、數論的發展……這一系列進展，把客觀世界形與數、動與靜的研究，有機地融合在一起。此刻的歐洲數學，已經完全拋卻中世紀的落後狀態，在人類的文明程序中，遙遙走在前列。

　　然而，代數方程式這個分支，情況卻有點不同。「一場震撼數學界的論戰」中講道，由於 16 世紀初那場激動人心的論戰，促成了三次、四次方程式公式解的發現。16 世紀中葉以後，人們就致力於五次方程式一般解法的探求。數學家們仔細分析了從二次方程式到四次方程式的解法，發現人們為尋找這些方程式的根式解，都採用了一些特殊的變換。例如，對二次方程式 $x^2 + px + q = 0$，

花拉子米用的變換是 $z = x + \frac{p}{2}$，代入後化為可解的

$$z^2 - \left[\left(\frac{p}{2} \right)^2 - q \right] = 0$$

又如，對不完全三次方程式 $x^3 + px + q = 0$，卡丹諾的思路如下。

令 $x = u + v$，代入後變為

$$u^3 + v^3 + (3uv + p)(u + v) + q = 0$$

我們試圖確定 u 和 v。一種方法是讓上式括號乘積為 0。於是可得

$$\begin{cases} 3uv + p = 0 \\ u^3 + v^3 + q = 0 \end{cases}$$

這樣，u^3 和 v^3 便是二次方程式

$$\omega^2 + q\omega - \frac{p^3}{27} = 0$$

的根。對四次方程式，費拉里運用了更為巧妙的變換。總而言之，所有這些變換都是偶然找到的！那麼，一般五次方程式的神祕變換究竟在哪裡？人們在不斷地摸索著。

50 年過去了，100 年過去了！又一個 100 年過去了！無數數學家為此絞盡腦汁、耗盡心血，終無所獲。嚴峻的事實促使人們開始思考：是人類智慧所未及呢？還是這樣的公式根本不存在呢？

1778 年，法國數學大師拉格朗日（Lagrange，1736～1813）終於開闢了一條新路。他致力於尋找二次、三次、四次方程式能普遍適用的根式解法。他想，如果這種方法找到了，那麼推廣到五次方程式，也應該是適用的。拉格朗日幾經努力，終於發現一個已知方程式的根，可由另外一個輔助方程式的根的對稱函數來表示。拉格朗日稱這個輔助方程式為預解式。利用預解式，拉格朗日順利解決了三次、四次方程式的求解問題，因為這時的預解式次數比原方程式少一次。但當他把這種方法用於五次方程式時，發現所得預解式竟是六次的！這位享譽歐洲的數學大師感到束手無策了！那時曾有一個念頭閃過他的腦海：這樣的公式是不存在的！但他無法加以證實。拉格朗日最終為自己智窮力竭而感慨萬千。

人類的智慧面臨著挑戰，攻堅的接力棒傳了下去，接它的是一位挪威的年輕人尼爾斯‧阿貝爾（Niels Abel，1802～1829）。他以初生牛犢不怕虎的姿態，向五次方程式發起了猛烈的衝刺，並終於勝利、到達終點！1824 年，

阿貝爾成功地證明了五次以上一般方程式不可能有根式解，那時他才 22 歲。他用自己閃亮的青春，向人們宣告一條真理：人類的智慧是不可戰勝的！

然而，阿貝爾成功的道路是坎坷的，他雖然有短暫的喜悅，但更多的是悲傷。這個世界給予他的榮譽多半在他去世之後！

1802 年 8 月 5 日，阿貝爾誕生於一個貧困的鄉村牧師家庭。在 7 個兄弟姐妹中，他排行第二。13 歲時，他被送到奧斯陸的一所教會學校讀書，一開始他對數學不太感興趣。1817 年，學校發生一個非常事件，一夜改變了阿貝爾的命運。原本教他數學的老師，因虐待學生致死而被解僱。新來的老師是一個年僅 22 歲的年輕人，叫霍姆博（Bernt Michael Holmboe，1795 ～ 1850）。霍姆博很快發現阿貝爾非凡的數學才能。一開始，他推薦一些參考書讓阿貝爾自學，接著又跟阿貝爾一起研究尤拉、拉格朗日等當代名家的著述。當阿貝爾表示自己要攻克五次方程式的根式解問題時，許多同學鄙夷地笑了，說他是癩蝦蟆想吃天鵝肉，不自量力。然而，霍姆博卻非常讚賞他，鼓勵他努力攀登。

1821 年，19 歲的阿貝爾由於刻苦鑽研和頑強自學，他的數學造詣更深了。為了實現自己的夙願，阿貝爾細心

研究了數學大師高斯（Gauss，1777～1855）和拉格朗日等人的工作。一開始，他仿照前人的做法，正面尋求答案。在連續遭受挫折後，經過深思熟慮，他終於悟出一條真理：200 年的失敗，暗示著四次以上的方程式不可能有根式解。他覺得拉格朗日提出的「根的排列」，實在是太重要了，他決定「順藤摸瓜」，果然獲得重大突破。他證明：可用根式求解的方程式，出現在根表示式中的每一個根式，都可以表示成根和某些單位根的有理函數。例如，二次方程式 $x^2 + px + q = 0$ 的兩根為 x_1、x_2，根表示式裡的根式為 $\sqrt{p^2 - 4q}$，可定理。1824 年，阿貝爾最終證明了一般五次代數方程式不可能有根式解。

　　200 多年困惑著人類的懸案，居然被一個不知名的年輕人解決了，這可能嗎？整個社會戴著有色眼鏡看他。一個個雜誌婉言拒絕發表他的論文，最後，阿貝爾只好決定由自己出錢來印刷他的論文。然而，悲慘的遭遇並沒有因此結束。

　　1825 年，阿貝爾來到了歐洲大陸，他拜訪許多名家，但誰也沒有給予他應有的重視。他把自己的論文寄給哥廷根號稱「數學之王」的高斯，也同樣遭到冷遇。這使阿貝爾憤然放棄哥廷根之行，改赴柏林。在那裡，他十分幸運地結識了工程師克雷爾。克雷爾雖然看不懂阿貝爾的論

文，但卻看出了阿貝爾非凡的能力。1826 年，克雷爾在阿貝爾的建議下，創辦了《理論與數學》雜誌。這個通常被稱為《克雷爾數學雜誌》的刊物，前 3 期共刊登了阿貝爾 22 篇論文，這些文章介紹阿貝爾在數學各個領域的開拓性工作。阿貝爾的傑出成就，終於引起了歐洲大陸數學家們的注意。《克雷爾數學雜誌》也因此出名，享譽至今。

1827 年 5 月，阿貝爾懷著一顆報效祖國的心，回到奧斯陸。然而在故鄉，他連工作也沒有找到。1828 年 9 月，4 名享有盛譽的法國科學院院士，採取非常的方式，聯合上書給當時的挪威國王查理十四，請他為阿貝爾創造必要的科學研究條件。然而，這時的阿貝爾由於長期勞累，肺結核復發，導致大量吐血，生命垂危。

1829 年 4 月 9 日，阿貝爾的家屬收到一份寄自柏林的聘書，上面寫著：

尊敬的阿貝爾先生：

本校聘您為數學教授，望萬勿推辭為幸！

柏林大學

　　但這份聘書遲到了，因為 3 天前，這位數學史上的燦爛新星隕落了。

　　1830 年 6 月 28 日，法國科學院把它的大獎授予阿貝爾，但這份殊榮仍是得於死後！

八、

數學史上的燦爛雙星

1820 年代，歐洲大陸的數學界出現了兩顆耀眼的新星。一顆是前文提到的挪威年輕數學家阿貝爾，另一顆則是本節要講的法國天才數學家伽羅瓦（Évariste Galois，1811 ～ 1832）。

1824 年，阿貝爾以其無比的創造才華，打破了困惑人類兩百多年的僵局，成功地論證了一般五次方程式的不可解性。然而，一般五次方程式不能用根式求解，不等於任何一個具體的五次方程式，都不能用根式求解。例如：

$$x^5 - 32 = 0$$
$$x^5 + x + 1 = 0$$

就可以求解。後者雖然不容易一眼看出，但只要告訴大家，方程式的左端可以因式分解為

$$x^5 + x + 1 = (x^3 - x^2 + 1)(x^2 + x + 1)$$

結論就十分清楚了。那麼，能夠用根式求解的特殊五次方程式，應當具備什麼條件呢？阿貝爾在他短暫生命的最後幾年，曾經為此苦苦思索過，但他沒有來得及得出結論就不幸去世。徹底解決這個問題的，就是前面提到的絕代天才伽羅瓦。1828 年，年輕的伽羅瓦巧妙而簡潔地證

明，存在能用代數運算求解的具體方程式，同時還提出一個代數方程式，能用根式求解的判定定理，那時他還只是一個 17 歲的學生呢！

伽羅瓦一生的遭遇和阿貝爾有著驚人的相似：逆境成才、研究五次方程式、受到老師的巨大影響、研究成果受冷遇、過早隕落，而且同樣也是死後才得到榮譽。

1811 年，伽羅瓦出生在法國巴黎附近的一個小鎮，他 12 歲進入中學。一開始有些老師認為他「沒有智慧」，是一塊「不可雕的朽木」，但伽羅瓦並不因此氣餒。3 年後他受教於數學教師范尼爾（H. J. Vernier），范尼爾喚起了伽羅瓦的數學才華。在范尼爾的指導下，伽羅瓦如飢似渴地自學了許多名家巨作。數學大師拉格朗日的代數方程式論，使伽羅瓦如同步入寶山。1827 年，16 歲的伽羅瓦開始致力於方程式論的研究。這時，22 歲的阿貝爾成功的消息傳來，伽羅瓦大為振奮。但他覺得，雖然「阿貝爾的傑出成就轟動世界，但他還沒有解決哪些方程式可以用根式求解，哪些不能」。於是這個問題就成了伽羅瓦的主攻方向。

1828 年，17 歲的伽羅瓦遇到了一位極為傑出的數學教師理查。在理查的精心指導下，伽羅瓦非凡的數學才能被充分挖掘，並開始獲得具有劃時代意義的成果，徹底

解決代數方程式有根式解的條件問題。伽羅瓦為此欣喜若狂，他立即把自己的發現寫成論文，寄給法國科學院審查。

1828 年 6 月 1 日，法國科學院舉行例會，審查伽羅瓦的論文。主持這次審查的是當時法國數學泰斗奧古斯丁‧柯西（Augustin Cauchy，1789 ～ 1857）。會議只舉行幾分鐘，原因是當柯西開啟公文包時，發現那位學生的論文竟然找不到了。

1830 年 1 月，伽羅瓦又把自己精心修改過的論文送交法國科學院，這次科學院決定讓老資格的院士傅立葉（Jean Fourier，1768 ～ 1830）審查。遺憾的是，還沒有等到舉行例會，年事已高的傅立葉就不幸謝世。人們既不知道傅立葉的審查意見，也未在他的遺物中找到伽羅瓦的論文。

兩次的「下落不明」，並沒有讓伽羅瓦失去信心。1831 年，他又向法國科學院第 3 次送交自己的論文。這次負責主審的是著名的數學家帕松（Simeon Poisson，1781 ～ 1840）。帕松為此花了 4 個月時間，但始終沒能看懂，最後嘆息地在論文上簽了「完全不可理解」幾個字。就這樣，一篇閃爍著智慧光輝的文章，被打入冷宮。

此時的伽羅瓦正捲入法國資產階級革命浪潮。1831 年

5 月，他被捕入獄，罪名是企圖暗殺國王，後因證據不足而被釋放。同年 7 月 14 日，他再次被捕，直到次年 4 月 29 日才恢復自由。

　　但反動派仍不甘心，他們設下圈套，挑撥伽羅瓦與一個反動軍官決鬥。1832 年 5 月 30 日，在法國湖畔的草地上，一顆無情的子彈穿入伽羅瓦的腹部。24 小時後，這位不滿 21 歲的天才數學家，令人惋惜地離開了人間。決鬥前夕，伽羅瓦曾倉促地將平生研究心得和論文手稿，寄給好友。附信中說：「關於方程式論，我研究了方程式用根式可解的條件，這使我得以發展這個理論，並描述對一個方程式所能做的一切變換，即使這個方程式是不能用根式解出的。所有這些內容都可以在我論文手稿中找到。」「請你公開要求雅可比或高斯，不是就這些定理的真實性，而是對其重要性表示意見。在這以後，我希望有一些人將會發現，整理這堆東西對他們會是有益的。」但論文手稿並沒有轉到兩位數學大師手裡，只是根據伽羅瓦的遺願，好友把這封信發表在《百科評論》上。

　　1846 年，法國數學家約瑟夫・劉維爾（Joseph Liouville，1809 ～ 1882）在整理各種遺稿時，驚訝地發現了這篇論文，他把它發表在自己創辦的數學雜誌上。這使淹沒了 18 年之久的智慧之花，終於得以發放光輝。

伽羅瓦的成就，開闢了代數學的一個嶄新領域——群論。這是一個具有強大生命力的數學分支。什麼叫「群」？「群」是一個有精確定義的概念。以下，我們透過對 3 個文字置換的介紹，向初學者展示「群」的概念。

　　假設 α、β、γ 是數字 1、2、3 的一種排列，那麼用 x_α 代 x_1，x_β 代 x_2，x_γ 代 x_3，這樣的運算就叫對 3 個數字 x_1，x_2，x_3 施行一個置換，記為

$$\begin{pmatrix} x_1 & x_2 & x_3 \\ x_\alpha & x_\beta & x_\gamma \end{pmatrix}$$

　　其中各列的順序沒有關係。例如，上面的置換也可以寫成

$$\begin{pmatrix} x_2 & x_3 & x_1 \\ x_\beta & x_\gamma & x_\alpha \end{pmatrix} \quad 或 \quad \begin{pmatrix} x_3 & x_2 & x_1 \\ x_\gamma & x_\beta & x_\alpha \end{pmatrix}$$

　　實際擺一擺就知道，3 個數字的置換只有 6 種：

$$\mathrm{I} = \begin{pmatrix} x_1 & x_2 & x_3 \\ x_1 & x_2 & x_3 \end{pmatrix}; \quad a = \begin{pmatrix} x_1 & x_2 & x_3 \\ x_2 & x_3 & x_1 \end{pmatrix}; \quad b = \begin{pmatrix} x_1 & x_2 & x_3 \\ x_3 & x_1 & x_2 \end{pmatrix};$$

$$c = \begin{pmatrix} x_1 & x_2 & x_3 \\ x_1 & x_3 & x_2 \end{pmatrix}; \quad d = \begin{pmatrix} x_1 & x_2 & x_3 \\ x_3 & x_2 & x_1 \end{pmatrix}; \quad e = \begin{pmatrix} x_1 & x_2 & x_3 \\ x_2 & x_1 & x_3 \end{pmatrix}$$

每種置換都稱為「元素」。文字不變的置換，稱為單位元素，這就是上面的Ｉ。連續施行兩次置換，稱為「積」，記作「‧」，如：

$$a \cdot c = \begin{pmatrix} x_1 & x_2 & x_3 \\ x_2 & x_3 & x_1 \end{pmatrix} \cdot \begin{pmatrix} x_1 & x_2 & x_3 \\ x_1 & x_3 & x_2 \end{pmatrix}$$

$$= \begin{pmatrix} x_1 & x_2 & x_3 \\ x_3 & x_2 & x_1 \end{pmatrix} = d$$

兩個積為Ｉ的元素，稱為互逆元素。例如，我們容易知道，a‧b＝Ｉ，於是b就是a的（右）逆元素（反元素），可記作b＝a^{-1}。

很明顯，3個數字的置換有以下性質。

（1）任何兩個元素的積仍然是一個元素。事實上可以列表如下（表8.1）。

表8.1 任意兩個元素的積

‧	I	a	b	c	d	e
I	I	a	b	c	d	e
a	a	b	I	d	e	c
b	b	I	a	e	c	d
c	c	e	d	I	b	a
d	d	c	e	a	I	b
e	e	b	c	b	a	I

（2）元素之積滿足結合律，如：

$$a \cdot (b \cdot c) = (a \cdot b) \cdot c$$

（3）存在單位元素 I。

（4）對任何元素存在逆元素。事實上：

$$a^{-1} = b，b^{-1} = a，c^{-1} = c，d^{-1} = d，e^{-1} = e$$

　　滿足上面 4 個條件的元素集合，就叫做對規定的「積」構成群。伽羅瓦正是透過引入群的概念，發現每個代數方程式一定有反映它特徵的置換群存在，並用極為精巧的方法找到了這個群。伽羅瓦的理論，我們在此無法說得更多，因為即使在 200 年後的今天，它對大多數人來說，依然是十分深奧的。

九、

發現解析法的最初線索

　　科學上一道鴻溝的填平，有時需要幾個世紀的時間和幾代人的努力，有時卻在一念之間。

　　3 世紀的古希臘，代數學的成就可以說是相當的輝煌，但生活在那個時代的丟番圖，最終也沒能徹底跨越具體與抽象之間的鴻溝，建立起一個完整的代數符號系統。那時丟番圖所使用的記號，是有趣而奇特的。欣賞這種 1,700 年前記號的使用，無疑是一種享受。

　　大家知道 α，β，γ，δ，ε 是希臘文字的前幾個字母。那時的希臘在字母頭頂上加一橫，用來代表數，這個數相當於該字母在字母表中的排序。如 $\bar{\alpha}$ 可代表 1，$\bar{\beta}$ 代表 2，$\bar{\gamma}$ 代表 3，$\bar{\varepsilon}$ 代表 5……如此等等。丟番圖關於未知數和它們冪的記號是頗為複雜的：ζ 表示未知數，相當於我們今天常用的 x，簡記為 ζ→x，其餘記號及現今相應的寫法，如下所示：

$$\Delta^{Y} \rightarrow x^2 ;$$
$$K^{Y} \rightarrow x^3 ;$$
$$\Delta^{Y}\Delta \rightarrow x^4 ;$$
$$\Delta K^{Y} \rightarrow x^5 ;$$
$$K^{Y}K \rightarrow x^6 ;$$
$$\vdots$$

其中 Δ 和 K 是「冪」和「立方」相應的希臘文單字
的第一個字母。丟番圖用「↑」做分隔號，把所有的正
項都寫在分隔號「↑」的前面，而負項寫在分隔號「↑」
之後；M 表示常數項；一個項的係數一般寫於該項之後。
因此丟番圖書中的以下一行記號：

$$K^Y K \overline{\alpha} \Delta^Y \overline{\alpha} \uparrow \Delta^Y \Delta \overline{\epsilon} \dot{\zeta} \dot{\gamma} \dot{M} \overline{\beta}$$

即表示代數式

$$x^6 + x^2 - 5x^4 - 3x - 2$$

大概由於上面記號的局限性，使丟番圖的成就在中世
紀的歐洲，未能有效地繼承和發展下去。

在〈五、架設通向已知的金橋〉中我們還看到，為
了跨越具體與抽象之間的鴻溝，人類曾經怎樣努力了幾個
世紀。而這節我們將要講述幾何與代數結合的傳奇。在那
時，一個歷史鴻溝的填平，竟然在一夢之間。

17 世紀以前，幾何與代數這兩個數學分支採用的是迥
然不同的方法。不少人把代數裡研究的「數」，與幾何裡
研究的「形」，視為完全不同的兩回事。1619 年，一位才
智超群的年輕軍官，對如何把代數應用到幾何上的問題產

生興趣。當時部隊駐紮在多瑙河旁的小鎮，藍色的天空，綠色的原野，流星在夜空中劃過，駿馬在大地上奔馳。這一切都引起這位酷愛數學的年輕人聯想：隕落的流星，奔馳的駿馬，他們運動的軌跡應該怎麼描述？1619 年 11 月 10 日，年輕軍官躺在床上久久不能無法入睡。突然，天花板上的一隻小蟲進入他的視野，小蟲緩慢而笨拙地走著牠那自以為是的彎路。一時間，他思緒蜂湧：蟲與點，形與數，快與慢，動與靜。他似乎感到自己已經悟出其間的奧祕，但又似乎感到茫然而不可思議！他迷糊了，終於深深地進入了夢鄉。

俗話說得好，「日有所思，夜有所夢」。的確，有時白天百思不解的問題，夜晚的夢卻能給人啟迪。那天晚上，一個偉大的靈感在睡夢中產生了。此後幾天，這位年輕軍官的思緒完全被自己的發現所占據。他找到了一種方法，這種方法可以把幾何語言「翻譯」成代數語言，從而可以把任何幾何問題歸結為代數問題，加以求解。這就是我們今天常說的解析幾何法，或簡稱解析法。創造這個方法的年輕軍官，就是後來成名的法國大數學家笛卡兒（Descartes，1596 ～ 1650）。

笛卡兒究竟用什麼方法把幾何語言「翻譯」成代數語言呢？現在大家可能已經很熟悉，那就是在平面上取兩條互相垂直的直線為座標軸，水平的叫橫軸，垂直的叫縱軸。它們的交點 O 叫座標原點。於是，平面上任一點 P 的位置，都可以用它跟座標軸的有向距離來決定。P 點到縱軸的有向距離稱橫座標，常用 x 來表示；P 點到橫軸的有向距離叫縱座標，常用 y 來表示（圖 9.1）。此後，便可列出以下幾何語言與代數語言的「對譯表」（表 9.1）。

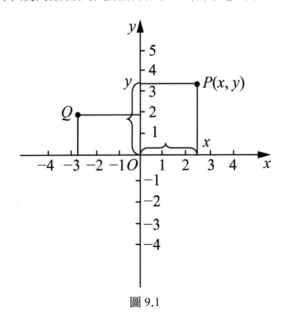

圖 9.1

表 9.1 對譯表

幾何學	代數學
1. 點 p。	1. 座標 p（x、y）。
2. 已知兩點 p_1，p_2 可以連成直線 l。 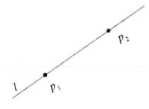	2. 已知兩點 p_1（x_1, y_1），p_2（x_2, y_2）可以得到一個二元一次方程式 $$Ax + By + C = 0$$ 使 $$Ax_1 + By_1 + C = 0$$ $$Ax_2 + By_2 + C = 0$$ 事實上，可令 $$A = y_1 - y_2$$ $$B = x_2 - x_1$$ $$C = x_1 y_2 - x_2 y_1$$
3. 線段可向兩方向任意延長。	3. 上述方程式 $x \in \mathbf{R}$，$y \in \mathbf{R}$。$\mathbf{R}$ 為實數集。
4. 線段 $p_1 p_2$ 的長為 r。	4. 令 p_1（x_1, y_1），p_2（x_2, y_2），則 $$|p_1 p_2| = r$$ $$= \sqrt{(x_2 - x_1)^2 + (y_2 - y_1)^2}$$
5. 以 p 為圓心，以 r 為半徑可以作圓。 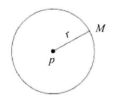	5. 如圖 9.2 所示，已知 p 點座標為 (a, b) 及常數 r，可得與 p 點距離為 r 的點要滿足的方程式 $$(x - a)^2 + (y - b)^2 = r^2$$ 或展開整理為 $$x^2 + y^2 + Dx + Ey + F = 0$$ 式中：$D = -2a$ $E = -2b$ $F = a^2 + b^2 - r^2$ ……

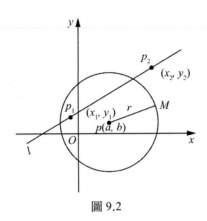

圖 9.2

　　這張對譯表，無疑可以無限制地編製下去。依靠這樣
的表，笛卡兒可以把任何幾何問題轉為代數問題，從而使
用代數技巧，化難為易地解決幾何問題。在〈十、解開
幾何三大作圖問題之謎〉中，我們將會看到困惑人類近
2,000 年的幾何學三大作圖問題，是怎樣藉助笛卡兒座標
法，被最終證明為不可能的。

　　1596 年，笛卡兒出生於法國小城的一個名門望族。他
早年受過很好的教育，1616 年畢業於普瓦捷大學，開始在
巴黎當律師，第二年參加奧倫治公爵的隊伍，擔任一名文
官。有一次，部隊進駐荷蘭南部的布雷達城時，一個偶然
的機會，笛卡兒成功解決了一個徵答中的數學難題，從此
與數學結下不解之緣。1619 年之後，笛卡兒開始致力於解
析幾何、哲學和物理學的研究，聲望日高。

　　1649 年 10 月，笛卡兒接受邀請，去為瑞典女王講授哲學，這位生性怪誕的年輕女王，非要笛卡兒每天清晨 5 點去為她講課不可。北歐的隆冬寒風刺骨，酷冷難熬。女王的苛刻要求，超出這位數學家身體的承受程度。他不幸染上肺炎，最終一病不起，1650 年 2 月 11 日，長眠於斯德哥爾摩。

　　笛卡兒的創造性工作，使整個古典的幾何領域，處於代數學的支配之下，從而大大加速變數數學的成熟。他的主要數學成果，記載於 1637 年出版的《方法論》一書。

十、

解開幾何三大作圖問題之謎

　　以下列的是 3 個古老的幾何作圖問題，其歷史可以追溯到相當久遠的年代。這些問題看起來非常簡單，似乎要解出它們只在舉手之間，然而卻不知它們讓多少數學家絞盡腦汁，花費多少幾何愛好者的青春年華。這 3 個古老而又著名的問題如下。給你一個圓規和一根直尺，經過有限的步驟，你能否：

　　（1）把一個給定角三等分？【三分角問題】

　　（2）作一個立方體，使它的體積是已知立方體體積的兩倍？【倍立方問題】

　　（3）作一個正方形，使它的面積等於已知圓的面積？【化圓為方問題】

　　歷史的鴻篇，被艱難地翻動了一頁又一頁，人類終於揭開了這些古老問題的謎底！就是，想用圓規和直尺解決以上 3 個作圖問題，是根本不可能的。

　　讀者朋友們，對於上面的結論，你們之中也許還有人抱有懷疑，你本人也許正想嘗試一番。不過，我要誠懇地告訴你，這是徒勞的，幸運女神絕不會因此而降臨人間。它只會白白浪費你寶貴的時間和聰明才智。建議你耐心地往下讀，它對解開你心頭的疑問，將非常有益。

　　先講三分角問題。

的確，用圓規和直尺平分一個角是很容易的事（圖
10.1）。我們也沒有說所有的角都不能三等分。實際上常
見的直角就能夠三等分！不過，要是我們能夠指出有一個
角不能用圓規和直尺三等分的話，那麼大家應該相信一個
真理，即三等分角的一般性方法是不存在的。

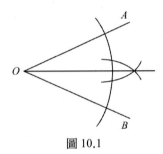

圖 10.1

　　問題的關鍵在於圓規和直尺究竟有多大的能耐？學過
幾何的人都知道，如果我們設定一個單位長 1，那麼長為
a、b 的兩條線段，經有限次的四則運算和開平方，用圓規
和直尺都是可以做出的。看一看圖 10.2，無須多說，大家
便會明白這一點。

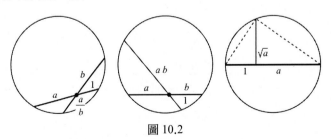

圖 10.2

在〈九、發現解析法的最初線索〉中我們說過，笛卡兒座標的建立，讓幾何問題轉化為代數問題成為可能。實際上，在座標平面上，直線和圓分別表示為方程式 Ax + By + C = 0 和方程式 $x^2 + y^2 + Dx + Ey + F = 0$。如果某線段能夠用圓規和直尺做出來，那麼這條線段的兩端勢必是直線與直線，或直線與圓，或圓與圓的交點。也就是說，它的座標應由下面的方程組來確定：

$$\begin{cases} A_1 x + B_1 y + C_1 = 0 \\ A_2 x + B_2 y + C_2 = 0 \end{cases}$$

（直線交直線）

$$\begin{cases} Ax + By + C = 0 \\ x^2 + y^2 + Dx + Ey + F = 0 \end{cases}$$

（直線交圓）

$$\begin{cases} x^2 + y^2 + D_1 x + E_1 y + F_1 = 0 \\ x^2 + y^2 + D_2 x + E_2 y + F_2 = 0 \end{cases}$$

（圓交圓）

代數知識告訴我們，上面方程組的解，都可以由係數經過有限次的加減乘除和開平方求得。如果我們把 $\sqrt{a + b\sqrt{c}}$ 或 $\sqrt{d\sqrt{e} + f\sqrt{g}}$ 這類經過兩層開平方過程得到的式子，叫二層根式的話（數字都是有理數），那麼三層根式、四層根式乃至多層根式的意義，大概可以不說自明。

藉助於代數的神力，圓規和直尺的作圖問題顯得更加明朗化。即凡能用圓規和直尺作圖的問題，必須是已知線段的有限層根式；反過來，如果一條線段能表示為已知線段的有限層根式，那麼它一定能夠透過圓規和直尺做出。

　　現在回到角 A 三等分的問題，關鍵在於如何把這個問題化為代數問題。這之後，看看結果能不能表示為已知量的有限層根式。如果能，角 A 就能三等分，如果不能，角 A 就不能三等分。

　　為了把三分角問題化為代數問題，我們要用到一個三角公式

$$\cos A = 4\cos^3 \frac{A}{3} - 3\cos \frac{A}{3}$$

現在令 cosA ＝ a，又令 $\cos \frac{A}{3} = x$，代入上式有

$$a = 4x^3 - 3x$$

由於角 A 是已知的，所以 a 為定數，例如：

（1）A ＝ 90°，a ＝ cos90°＝ 0，所求方程式為

$$4x^3 - 3x = 0$$

解得正根

$$x = \frac{\sqrt{3}}{2}$$

這是一層根式，因此直角是能夠用圓規和直尺三等分的。

（2）A ＝ 45°，a ＝ cos45° ＝ $\frac{\sqrt{2}}{2}$，所求方程式為

$$8x^3 - 6x - \sqrt{2} = 0$$

可以驗證，這個方程式有一個正根

$$x = \frac{1}{4}(\sqrt{6} + \sqrt{2})$$

這也是一層根式，因此 45°角也是能夠用圓規和直尺三等分的。

（3）A ＝ 60°，a ＝ cos60° ＝ $\frac{1}{2}$，所求方程式為

$$8x^3 - 6x - 1 = 0$$

以下我們來證明，這個方程式的根不可能是一層根式 $M + \sqrt{N}$。類似地，我們也可以證明這個方程式的根不可能是二層根式，三層根式……k 層根式。如果我們完成上述一系列證明，那麼就意味著我們不可能用圓規和直尺三等分 60°角。

事實上，如果上面的方程式有根 $M+\sqrt{N}$，那麼代入方程式得

$$8(M+\sqrt{N})^3 - 6(M+\sqrt{N}) - 1 = 0$$

展開後整理並比較，有

$$\begin{cases} 8M^3 + 24MN - 6M - 1 = 0 \\ 24M^2 + 8N - 6 = 0 \end{cases}$$

這表示 $M-\sqrt{N}$ 也應當是上面方程式的根。這樣，上面方程式左端一定可以分解出以下因式

$$(x - M - \sqrt{N})(x - M + \sqrt{N})$$
$$= x^2 - 2Mx + (M^2 - N)$$

式中係數都是有理數，這很明顯是不可能的。從而證明了用圓規和直尺三等分 60° 角是辦不到的。

以上的證明儘管十分粗糙，但我想讀者們一定已經確信，用圓規和直尺三等分任意角的一般方法是不存在的。這並非是智慧的貧乏，而是科學的精華。

現在說說倍立方問題。這個問題始於一個有趣的神話。傳說西元前 5 世紀古希臘的雅典，流行一場瘟疫。人們為了消除這場災難，向神祈禱。神說：「要讓疾病不流行，除非把神殿前的立方體香案的體積擴大一倍。」一開

始人們以為十分容易，只需把香案的各稜放大一倍就行。不料神靈大怒，疫勢越發不可收拾。人們只好再次向神靈頂禮膜拜，才知道新香案的體積不等於原香案體積的兩倍。這個傳說的結局如何？今天已無從得知，但這個古老的問題卻從此流傳了下來。

倍立方問題不能用圓規和直尺作出的道理，要比三分角問題簡單得多。事實上，設原香案稜長為 a，新香案稜長為 x，則它們之間有如下關係

$$x^3 = a^3 + a^3$$

從而

$$x = \sqrt[3]{2}\, a$$

而 $\sqrt[3]{2}$ 明顯不可能化為有限層根式，因而是不能用圓規和直尺做出的。

最後再看化圓為方問題（圖 10.3）。假設已知圓半徑為 r，所求正方形邊長為 x，於是

$$x^2 = \pi r^2$$

從而

$$x = \sqrt{\pi}\, r$$

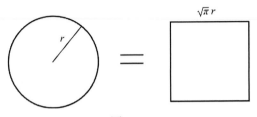

圖 10.3

$\sqrt{\pi}$ 看樣子有點像一層根式，其實不是，因為 π 本身不是有理數。那麼，π 能不能用圓規和直尺作出呢？這是一個很難的問題，它比三分角問題還要難得多。我們這裡不可能仔細說，只是告訴大家，大約在 1882 年，德國數學家林德曼（C. L. F. Lindmann，1852 ～ 1939）發現並證明了 π 是一個「超越數」，也就是不可能由某個有理係數的方程式算出的數。這就表示 π 更不可能是某層根式。從而，化圓為方問題同樣無法用圓規和直尺做出。

古代幾何三大作圖問題的謎，到這裡已經完全解開了。讀者朋友們，讀完這一節，你們是否感受到科學的巨大威力呢？我想答案是肯定的。

十一、

走出圓規和直尺管轄的國度

　　前面我們說到，用圓規和直尺是無法解決古代三大作圖問題的。那麼，要是走出圓規和直尺管轄的國度，情況又將如何呢？這一節大家將會驚奇地發現，在圓規和直尺王國的邊界之外，冰山將會消融，道路將會暢通，疑難都將冰釋。

　　還是從三等分角講起吧！

　　大家還記得敘拉古城的那個阿基米德嗎？他是本書〈一、王冠疑案的始末〉中的主角。當年為了保衛國土，他奉獻了自己的全部知識。後來敘拉古城終因防守的疏忽而陷落了。傳說敵人闖進阿基米德的家時，他還在沙盤上思索一個幾何圖形。當一個人的影子落在他的圖形上時，他喊了出來：「不要動我的圓！」他對這種打斷他思考的行為表示憤怒。就在這時，一個羅馬士兵的劍刺進了這位偉大學者的心臟。

　　的確，阿基米德在幾何學上的造詣是很深的。從他的著作裡，我們可以看到這位學者對三等分角問題的研究。以下是取自阿基米德書中的一道題。

　　【問題】如圖 11.1 所示，$\angle$ AOB 為已知角，以 O 為圓心，OA 為半徑，作一個半圓。在半圓直徑 BC 的延長線上取一點 D，使 AD 交半圓於 E 點，且 DE = OE。那麼，$\angle$ D $= \frac{1}{3} \angle AOB$。

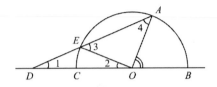

圖 11.1

事實上，由 DE = OE = OA ⇨ $\begin{cases} \angle 1 = \angle 2 \\ \angle 3 = \angle 4 \end{cases}$

因為

$$\angle 3 = \angle 1 + \angle 2 = 2\angle 1$$

所以

$$\angle AOB = \angle 4 + \angle 1 = \angle 3 + \angle 1 = 2\angle 1 + \angle 1$$

$= 3\angle 1$ 即證 $\angle D = \frac{1}{3}\angle AOB$。

由圖 11.1 的啟示，我們聯想到，如果給定的直尺上有兩個固定點 D、E，那麼我們就能用它和圓規來三等分一個角。實際上，我們只要讓半圓的半徑等於 DE 的長度就可以了。一方面保持直尺過 A 點，另一方面使 D、E 分別落在直徑 BC 的延長線和半圓周上，那麼 ∠ D 就是所要求的三分角。

利用上面的原理，有人製造了如圖 11.2 式樣的器械，叫做「三分角器」。至於它的使用方法，我想讀者細心看看圖，是不難弄清楚的。

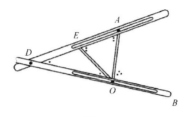

圖 11.2

　　還有人在有機玻璃上刻上圖 11.3（a）所示的圖形，並如圖 11.3（b）所示那樣，用它去三等分任意角 ∠ MPN。它的用法和原理，讀者同樣可以看圖自明。

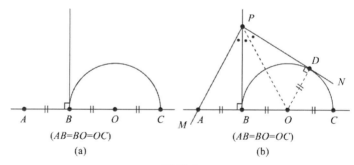

圖 11.3

　　如果把「用圓規和直尺經過有限步驟作圖」中的「有限」二字去掉，那麼只用圓規和直尺，我們也能夠三等分一個角。具體方法如圖 11.4 所示：先作已知角 ∠ AOB 的平分線 OC_1 及 ∠ AOC_1 的平分線 OD_1；再作 ∠ C_1OD_1 的平分線 OC_2 及 ∠ C_2OD_1 的平分線 OD_2；又作

∠ C_2OD_2 的平分線 OC_3 及 ∠ C_3OD_2 的平分線 OD_3，如此反覆，以至無窮。得到一系列逆時針方向轉動的射線 OC_1，OC_2，OC_3，…，以及一系列順時針方向轉動的射線 OD_1，OD_2，OD_3，…。它們都越來越接近某條射線 OK，那麼，可以證明 OK 就是 ∠ AOB 的一條三等分線。

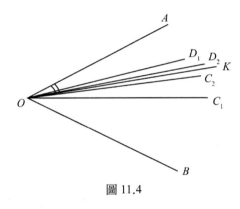

圖 11.4

事實上，由作法知

$$\angle AOD_1 = \frac{1}{4}\angle AOB$$

$$\angle D_1OD_2 = \frac{1}{4}\angle AOD_1 = \left(\frac{1}{4}\right)^2\angle AOB$$

$$\angle D_2OD_3 = \frac{1}{4}\angle D_1OD_2 \left(\frac{1}{4}\right)^2\angle AOB$$

$$\vdots$$

而 $\angle AOK = \angle AOD_1 + \angle D_1OD_2 + \angle D_2OD_3 + \cdots$

$$= \left[\frac{1}{4} + \left(\frac{1}{4}\right)^2 + \left(\frac{1}{4}\right)^3 + \cdots\right]\angle AOB$$

$$= \frac{\frac{1}{4}}{1-\frac{1}{4}}\angle AOB = \frac{1}{3}\angle AOB$$

以上種種，我們看到，取消作圖工具的限制以後，三等分一個角不僅是可能的，而且方法還很多。

以下再看倍立方問題。

據說古希臘的柏拉圖（Platon，西元前 427～前 347）曾提出以下的方法：作兩條互相垂直的直線 a、b，從它們的交點 O 起在 a 上擷取 OC = 1，又在 b 上擷取 OD = 2。現在用兩根角尺，如圖 11.5 所示，相對疊合起來，並使它們的直角頂 A 和 B 分別落在直線 a 和 b 上，而兩條直角邊分別通過 D 點和 C 點。則線段 OB = x，就是所求的倍立方體稜長$\sqrt[3]{2}$。利用相似三角形很容易證明這一點。

受柏拉圖作法的啟示，人們還想出了以下巧妙的方法：在笛卡兒座標平面上，令拋物線 y = x^2 和拋物線 y^2 = 2x 相交於 A 點，則 A 點的橫座標即為所要求的$\sqrt[3]{2}$，如圖 11.6 所示。

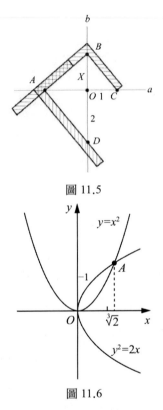

圖 11.5

圖 11.6

　　化圓為方問題可以說是最困難的了，然而人類並沒有
因此束手無策。跳出圓規和直尺的作圖圈子之後，古代幾
何學家梁拉多達維奇用一種令人拍案叫絕的方法，巧妙地
把問題解決了。如圖 11.7 所示，先作一個直圓柱，用已知
圓做它的底面，以已知圓半徑的一半作它的高，然後把這

個圓柱側放在平面上滾一圈，得到一個長方形。很明顯，這個長方形面積就等於已知圓面積。最後再把長方形變換成等面積的正方形，這已經不是很困難的事了。

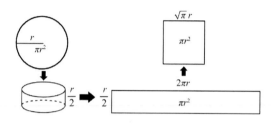

圖 11.7

可能有的讀者會問，既然不用圓規和直尺就可以作圖，那麼為什麼當初一定要加上圓規和直尺的限制呢？這個問題問得好！實際上，最初的幾何作圖限制用圓規和直尺，是因為這兩者最為簡單。而如今繼續強調這種限制，則是基於以下的想法：即作圖使用的工具越少，人們需要動的腦筋就越多，從而就越能鍛鍊精細的邏輯思維和豐富的想像力，這恰恰是學習幾何的最主要目的。法國數學大師拉普拉斯（Laplace，1749 ～ 1827）說過「幾何如強弓」。他的這句話，對人類的智慧和思維的培養來說，是很恰當的。

十二、

揭開虛數的神祕面紗

　　歷史顯示，人類接受一種新數的過程是漫長而坎坷的。在歐洲，負數的概念遲至 12 世紀末，才由義大利數學家斐波那契（Leonardo Fibonacci，約 1170 ～ 1250）做出正確的解釋。但直到 18 世紀，歐洲仍有一些學者認為負數是「荒唐、無稽的」。他們振振有辭地說，零是「什麼也沒有」，那麼負數，即小於零的數，是什麼東西呢？難道會有什麼東西比「什麼也沒有」還要小嗎？

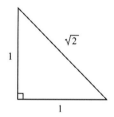

　　無理數的出現，可以追溯到相當久遠的年代。大約西元前 5 世紀，畢達哥拉斯學派的門人希帕索斯（Hippasus）發現，等腰直角三角形的斜邊與直角邊的比不可能表示為最簡分數（即幾何上的「不可通約」）。

　　希帕索斯的思路說來也簡單，他採用了「反證法」，即先假設 $\sqrt{2}$ 能表示為最簡分數（即 p，q 沒有公因子），然後設法推出矛盾。過程如下：

　　令

$$\sqrt{2} = \frac{p}{q} \left(\frac{p}{q} \text{ 為最簡分數} \right)$$

則

$$p = \sqrt{2}\, q, \quad p^2 = 2q^2$$

顯然，p 必須是偶數，否則左式絕不等於右式。現令 p = 2p'（p' 為整數），代入得

$$(2p')^2 = 2q^2$$
$$4p'^2 = 2q^2$$
$$2p'^2 = q^2$$

這意味著 q 也必須是偶數，否則右式絕不等於左式。

這樣，p 與 q 便至少有一個 2 的公因子，它與 $\frac{p}{q}$ 為最簡分數的假設矛盾。為什麼會出現矛盾呢？原因只有一個，那就是最初關於 $\sqrt{2}$ 可以表示為最簡分數的假設是不對的。

希帕索斯的證明引起了畢達哥拉斯學派的恐慌，因為這個學派抱定「兩條線段一定可以通約」的教義，他們寧可拒絕真理，也不願放棄錯誤的信條，他們容不得希帕索斯這樣的「異端邪說」。可憐的希帕索斯最終被畢達哥拉斯學派的忠實門徒，拋進大海餵了鯊魚。

人類了解無理數的過程，比想像的更加漫長和曲折。從希帕索斯起，至基礎理論基本上完成為止，整整經歷了 20 多個世紀。從「無理數」這 3 個字的含義，就足以顯示人類接受這個概念的艱辛。

正當人們依舊困惑於負數和無理數時，又有一種披著極為神祕面紗的新數，闖進了數學領地。

1484 年，法國數學家許凱（N. Chuquet，1445 ～ 1500）在一本書中，把方程式 $4 + x^2 = 3x$ 的根寫為

$$x = \frac{3}{2} \pm \sqrt{2\,\frac{1}{4} - 4}$$

儘管他一再宣告這根是不可能的，但畢竟是第一次形式上出現負數的平方根。這種情形對今天的中學生，依然是一個望而生畏的禁區。1545 年，義大利數學家卡丹諾在討論是否有可能將 10 分為兩個部分，而使兩者之積等於 40 時，他指出，儘管這個問題沒有實數解，然而，假如把答案寫成 $5 + \sqrt{-15}$ 和 $5 - \sqrt{-15}$ 這樣兩個令人詫異的表示式，就能滿足題目的要求。他驗證：

$$(5 + \sqrt{-15}) + (5 - \sqrt{-15}) = 5 + 5 = 10$$
$$(5 + \sqrt{-15}) \times (5 - \sqrt{-15}) = 5^2 - (\sqrt{-15})^2$$
$$= 25 - (-15) = 40$$

雖然卡丹諾本人懷疑這個運算的合理性，但他終究是第一個認真對待數學領地上這不速之客的勇士。

　　卡丹諾之後，數學家們接觸這種「虛幻」的數越來越多。大約 100 年後，1637 年，笛卡兒在他的《幾何學》一書中，為負數的平方根取了一個「虛數」的名。又大約過了 140 年，大數學家尤拉開始用 i（imaginary 虛幻）表示 $\sqrt{-1}$。1801 年，高斯系統地使用了符號 i，並把它與實數的混合物 a＋bi（a、b 為實數）稱為複數。此後 i 與複數便漸漸通行於全世界。

　　起初虛數總給人一種虛無縹緲的神祕感，因為在數軸上找不到它的位置。富有想像力的英國牛津大學教授約翰‧沃利斯（John Wallis），為虛數找到一個絕妙的解釋：假設某人欠地 10 畝，即他有－ 10 畝地，而這－ 10 畝地又恰好是個正方形，那麼它的邊長不就是 $\sqrt{-10}=\sqrt{10}\,i$ 了嗎？

　　大膽揭開虛數神祕面紗的，是挪威測量學家韋塞爾（Wessel，1745 ～ 1818），他找到了複數的幾何表示法。

　　按韋塞爾的解析，一個複數如 4＋3i，可以如圖 12.1 那樣表示出來，其中 4 是水平方向的座標，3 是垂直方向的座標。實數對應於橫軸上的點，純虛數對應於縱軸上的點。

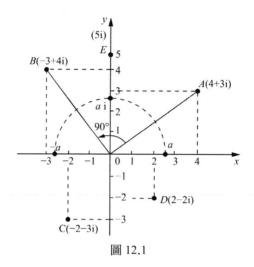

圖 12.1

　　一個位於橫軸上的實數 a，當它乘以 i 時，變成位於縱軸上的純虛數 ai。在幾何上，這相當於繞原點沿逆時針方向旋轉 90°。如果把 ai 再乘 i，即又沿逆時針方向轉 90°，此時理應轉回到橫軸負向，這一點在下式中表示得更為明顯：

$$(ai) \times i = ai^2 = a \times (-1) = -a$$

　　有趣的是，一個數乘 i，相當於繞原點沿逆時針方向轉 90°，這個規律，適用於所有的複數。像圖 12.1 中那樣

$$(4 + 3i) \times i = 4i + 3i^2 = -3 + 4i$$

由於 A、B 分別對應於複數 4 ＋ 3i 和 － 3 ＋ 4i，從而 ∠ AOB ＝ 90°。

以下是一則扣人心弦的荒島尋寶故事，讀完之後，讀者將會看到，一旦複數在幾何上有了立足點，它將是多麼有用。

從前，有個年輕人在曾祖父的遺物中偶然發現一張羊皮紙，紙上指明一座寶藏，羊皮紙內容是這樣的：

乘船到北緯 ××，西經 ××，即可找到一座荒島。島的北岸有一大片草地。草地上有一棵橡樹和一棵松樹，還有一座絞架，那是我們過去用來吊死叛變者的。從絞架走到橡樹，並記住走了多少步；到了橡樹，面向絞架方向右轉個直角，再走同樣步數，在這裡打個樁。然後回到絞架那裡，再朝松樹走去，同時記住所走的步數；到了松樹，面向絞架方向左轉個直角再走這麼多步，在那裡也打個樁，在兩個樁的正中間挖掘，就可以得到寶藏。

年輕人欣喜萬分，決心冒險一試，於是急忙租了一條船，載著滿腔的希望駛到荒島。上島後，年輕的冒險家立刻陷入絕望之中。他雖然找到了橡樹和松樹，但絞架卻不見了！長時間的雨淋日晒，絞架已經腐爛成土，一切痕跡都已不復存在。年輕人氣惱地在島上狂掘一陣，然而一切均屬徒勞，最終兩手空空，掃興而歸。

　　這是一個令人傷心的故事。因為，如果這個年輕人懂一點數學，尤其是虛數，他本來是有可能找到寶藏的！以下我們來幫幫這個可憐的年輕人，儘管此時此刻對於他已經為時太晚。

　　如圖 12.2 所示，把荒島看成一個複數平面，以兩棵樹所在的直線為實軸。過兩樹中點 O，作與實軸垂直的直線 OY 為虛軸，而且以兩樹 M、N 之間距離的一半為長度單位。這樣橡樹 M 和松樹 N 則分別位於實軸的＋1 與－1 點。假設未知的絞架位置在 Z 點處，相應的複數為

$$Z = a + bi$$

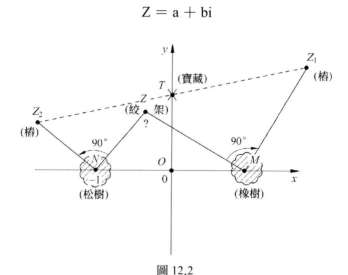

圖 12.2

既然絞架在 Z 點，松樹 N 在－1 點，則兩者相對的方位便是 Z －（－1）＝ Z ＋ 1。把這個數乘以 i，就得到樁 Z_2 的複數

$$Z_2 = (Z + 1) \times i + (-1) = Zi + i - 1$$

同理可得樁 Z_1 的複數（右轉 90°相當於乘以－i）：

$$Z_1 = (Z - 1) \times (-i) + 1 = Zi + i + 1$$

寶藏在兩根樁的正中間，因此它所在位置的複數 T 為

$$T = \frac{1}{2}(Z_1 + Z_2)$$

$$= \frac{1}{2}[(Zi + i - 1) + (-Zi + i + 1)] = i$$

這就是說，不管絞架位於何處，寶藏總在虛軸上相應於複數 i 的那一點。讀者若不信，可以自己拿張紙，變換幾個絞架的位置，試試看會有什麼結果。

荒島尋寶的故事已經結束，儘管故事中的情節可能是虛構的，但沿著－1 平方根建立起來的複數體系，的確幫助人們在數學和其他科學領域中，找到一個又一個的寶藏。

十三、

神奇的不動點

如果有人告訴你，在任何時刻，地球上總可以找到一個點，此時此刻在這一點上沒有風！對此你一定感到十分驚訝，然而這卻是事實。

縮小範圍可能會更加使你相信這一點。大家知道，颱風是熱帶海洋上的大風暴，它實際上是一團範圍很大的旋轉空氣。我們常聽到新聞中颱風的消息，說颱風中心附近的風力達到 12 級。這是指颱風中心附近的風速達 33 公尺／秒，它相當於一列高速奔馳的火車的速度。更有甚者，如 2019 年颱風「利奇馬」（超強颱風），其中心附近的最大風速竟達 52 公尺／秒。可是，在如此猛烈的颱風的中心，在大約 10 公里直徑的範圍內，由於外圍的空氣旋轉得太厲害，不易進到裡面去，所以那裡的空氣幾乎是不旋轉的，因而也就沒有風。下面是一則真實的報導，這是一位美國氣象學家乘坐颱風偵察機，穿入太平洋上的一個颱風眼時，對目睹的情況所做的生動描述。它無疑能加深你對「颱風眼」這個奇異景觀的了解。

……不久，在飛機的雷達螢幕上開始看到無雨的颱風眼邊緣。飛機從傾盆大雨顛簸而過以後，突然我們來到耀眼的陽光和晴朗的藍天下。在我們的周圍展現出一幅壯麗的圖畫：在颱風眼內是一片晴空，直徑 60 公里，其周圍被一圈雲牆環抱。有些地方高大的雲牆筆直地向上聳立，

而在另一些地方，雲牆像大體育場的看臺般傾斜而上，颱風眼旁邊圓圈有 10 ～ 12 公里，似乎綴在藍天背景上……

看！在那宛如萬馬奔騰的怒吼狂風中，果然存在著一個風的不動點。

不動點的現象在自然界、生活中隨處可見。日本東京工大田中富教授在《科學之謎》一書中，提到一件有趣的事：老師帶一批學生到一座寺廟參觀，這位老師把頭伸進大鐘裡觀察鐘的結構，有個學生很淘氣，想嚇唬這位老師，就用力用撞鐘木去敲擊大鐘，結果不但沒有嚇到老師和旁邊的女同學，自己反而被震耳的鐘聲嚇了一大跳。為什麼會出現這種現象呢？田中富教授畫了一張圖，並解釋說，這與在一個碗裡倒滿水，然後用筷子敲碗邊，我們可以看到波紋從碗周圍向碗中心移動的現象是同個道理。此時中心部分波紋因互相抵消而消失。圖 13.1 中的 A、B、C、D、E 實際上是聲波的不動點。相反，敲鐘學生站的地方 F，恰是鐘振動最大的地方，所以聲音自然特別震耳。

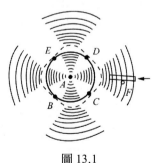

圖 13.1

下面你可以做一個有趣的遊戲。拿同一個人的大小兩張照片，把小照片隨手疊放在大照片之上，然後你向觀眾宣布：小張照片上一定有一點 O，它和下面大張照片與之正對著的點 O'，實際上代表著同一個點。

對此，你的觀眾一定會半信半疑。不過，當你告訴他如何找到這個不動點時，他們的一切疑慮都會煙消雲散。

設大照片為 A'B'C'D'，小照片相應為 ABCD，延長 AB 交 A'B' 於 P 點，過 A、P、A'，及 B、P、B' 分別作圓。則兩圓交點 O 即為所求的不動點。事實上由圖 13.2 知：

$$\begin{cases} \angle OAB = \angle OA'B' \\ \angle OBA = \angle OB'A' \end{cases} \rightarrow \triangle OAB \backsim \triangle OA'B'$$

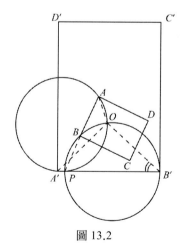

圖 13.2

這就說明了 O 點在大小照片中，所處的位置沒有變動，即 O 為照片位置變換的不動點。

　　看！不動點現象是多麼神奇，多麼耐人尋味！

　　關於不動點系統的研究，始於 20 世紀初。1912 年，荷蘭數學家布勞威爾（L. E. J. Brouwer，1881 ～ 1966）證明：任意一個把 n 維球體變為自身的連續變換，至少有一個不動點。這就是著名的不動點定理。

　　對大多數的國中讀者，布勞威爾定理中的一些數學術語，無疑需要加以解釋。例如，粗淺地說，就是「連續變換」原先距離很小的兩點，變換後的距離依然很小。至於「n 維空間」，這是一個抽象的概念。具體地說，直線是一維空間，平面是二維空間，普通空間是三維空間……等等。因而線段是一維球體，平面環形是二維球體，普通的球是三維球體……等等。

　　布勞威爾定理的嚴格證明雖說很深奧，但有關布勞威爾定理的一些例子卻是很有趣的。

　　拿一個平底盤和一張恰好蓋住盤底面的紙，紙上的每一個點正好對應著它正下方盤面上的一個點。現在把紙拿起來隨便揉成一個小紙團，再把小紙團扔進盤裡。那麼，根據布勞威爾不動點定理，不管小紙團怎麼揉，也不管它落在盤底的什麼地方，我們可以肯定，在小紙團上至少有

一個點，它恰好位於盤子原先與這一點對應的點的正上方。儘管我們說不準這樣的點在哪裡。

以上事實我們可以給予如下說明（圖 13.3）：假設小紙團在盤面上的正投影為區域 Ω_1。顯然，原紙片上與 Ω_1 相對應的點一定位於 Ω_1 的正上方，假設紙團裡的這部分在盤底的正投影為區域 Ω_2，顯然 $\Omega_2 < \Omega_1$。同樣，原紙片上與 Ω_2 相對應的點，一定位於 Ω_2 的正上方，而紙團裡的這部分在盤底的正投影為區域 Ω_3，又有 $\Omega_3 < \Omega_2$……如此等等，可以反覆做下去，得到一連串一個比一個小的區域 Ω_1，Ω_2，Ω_3，…，這些區域，一個包含於另一個之內，形成一層小似一層的包圍圈。因此最後必然縮到「一個點」（或「一個小區域」），那麼這個點（或小區域上的點）在紙團上的位置，一定恰好在該點的上方。

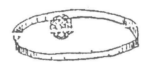

圖 13.3

布勞威爾不動點定理問世後，引起各國科學家的極大興趣，他們對此做了大量的工作，獲得許多奇妙的應用。

　　舉一個頗有影響的例子。

　　1799 年，德國數學大師高斯證明了 n 次代數方程式

$$x^n = a_{n-1}x^{n-1} + a_{n-2}x^{n-2} + \cdots + a_1x + a = 0$$

至少有一個根。這就是著名的代數學基本定理。儘管這個定理的名稱，對 200 多年後的今天，似乎不確切，但對 200 多年前，以方程式理論為主體的代數學，卻沒有言過其實。

　　今天，當我們研究了不動點理論後，可以把方程式 $f(x) = 0$ 的求根問題，轉化為求函式 $\varphi(x) = f(x) + x$ 的不動點。

　　由於方程式 $f(x) = 0$ 的根不可能超越複數平面的某個半徑很大的圓域，又函式 $\varphi(x)$ 顯然是連續的，因此在這個大圓域運用布勞威爾不動點定理，知道至少存在一個點 x，使得

$$\varphi(x) = x$$

即

$$f(x) + x = x$$

也就是說，方程式 f（x）＝ 0 至少有一個根。看！一個在代數學上產生巨大作用的定理，竟如此輕鬆地證明了。

不過，對於不動點理論，科學家們似乎感到不盡如人意，因為這個理論只告知不動點的存在，卻沒說不動點在哪裡。這個問題困擾了他們長達 50 年之久，直至 1960 年代後期，情況才有了轉機。

1967 年，美國耶魯大學的斯卡弗教授，在不動點由未知轉向已知方面，有重大突破。他提出一種用有限點列逼近不動點的演算法，使不動點的應用，獲得一系列卓越的成果。

有趣的是，對不動點理論做出如此重大貢獻的斯卡弗本人，卻是一名專攻經濟學的學者。數學上的理論，使斯卡弗和他的同行們，在經濟學領域猶如猛虎添翼，獲得纍纍碩果。這個事實顯示：任何一門學科，當它能夠成功地運用數學方法，就有可能出現真正的飛躍。看來，俄羅斯科學之父羅蒙諾索夫所言：「數學是自然科學的皇后」，一點也不過分。

十四、

庫恩教授的盆栽藝術

　　1974 年 6 月，在美國召開了第一次「不動點演算法及其應用」的國際會議。美國、日本和歐洲各國的數十名數學家興致勃勃地參加了這次會議。會上，美國普林斯頓大學的哈德羅‧庫恩教授（Harold William Kuhn）宣讀了一篇奇特的論文，引起了與會者的極大轟動。

　　這是一篇什麼樣的論文呢？原來是一篇研究用不動點演算法解代數方程式的論文。庫恩先生以其非凡的技巧，把與會者領進一個充滿生機的植物王國。但見他編織了一個立體大籬笆，這個大籬笆分成許多層，從下到上一層密似一層。在籬笆的最底層，庫恩先生放進了一個特製的「花盆」，然後把要解方程式的訊息傳給花盆。頓時，花盆的四周吐出了幾枝新芽，轉眼間芽變成藤，飛快地攀上籬笆，先是彎彎曲曲，之後便很快地往上長，穿過一層又一層，直到籬笆的最上面，一根藤恰好指著方程式的一個根。方程式的所有根就這樣全部被找出來了。

　　那麼庫恩先生是怎樣為枯燥的數學賦予「生命」的呢？原來庫恩先生根據的就是斯卡弗提出的不動點逼近法。他出色地完成了 3 項工作：一是建造一個立體大籬笆；二是製造一個會長芽的花盆；三是讓「神奇」的植物照要求往上長。

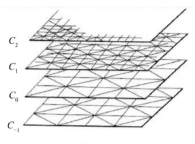

C_2
C_1
C_0
C_{-1}

圖 14.1

　　先看一看庫恩先生的立體籬笆吧！這是把一系列的複
數平面 C_{-1}，C_0，C_1，C_2，…，像樓房的樓板那樣一層層
排好，然後在每個複數平面上按一定規則，把平面分割成
一個個等腰直角三角形。最下面的一個記作 C_{-1}，其等
腰三角形直角邊長定為 1。C_0 與 C_1 與結構相同，只是兩
個平面上的斜線錯開，前者經過原點，後者不經過原點，
大致情況如圖 14.1 所示。從 C_0 開始，其上的各層平面為
C_1，C_2，…，這些平面上都有斜線經過原點。且每上一
層，等腰三角形的直角邊長就縮小一半（圖 14.2）。現在
我們在相鄰的兩層間，用豎的或斜的「鋼筋」把層中的空
間，像圖 14.3 那樣，分成一個個的小四面體。這樣，這
些鋼筋架設成了越往上、線越密的大籬笆。

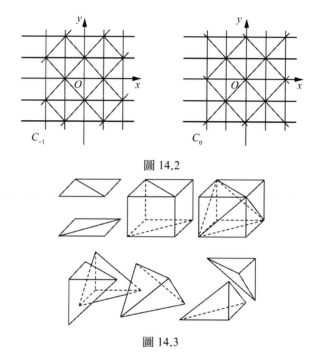

圖 14.2

圖 14.3

　　到此為止，庫恩先生的第一項工作算是完成了。

　　現在來看庫恩先生的第二項工作，建造花盆。花盆的奧妙在哪裡呢？原來他是把複平面按圖 14.4（b）那樣分為 3 個 120°的角形區域。這樣，對某個 n 次多項式 f（x），平面上的任一點 z，都可以算出 w＝f（z）。w 的位置必在 3 個區域之一，如果在角域 I，就讓相應的 z 點標上 1；如果在角域 II，就讓相應的 z 點標上 2；如果是在角域III，則讓相應的 z 點標上 3（圖 14.4（a））。

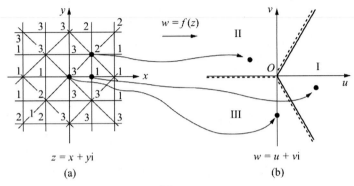

圖 14.4

　　如此這般，我們可以把整個籬笆的每一個點都標號。
這無疑等於把多項式 f（x）的訊息傳遞給整個立體籬笆。
真是太妙了！

　　在做了以上工作之後，庫恩教授又證明：在 C_{-1} 平面
上以原點為中心，邊長大於 1.04n 的正方形周長上，一定
存在 n 個這樣的點，按逆時針方向，這些點的標號由 1 轉
向 2，如同圖 14.5 中的黑點那樣。
庫恩先生把上面的正方形稱為「花
盆」。而花盆周邊上的 n 個點，便
是會長藤的「魔術植物」的芽。庫
恩教授的證明並不是很難，但要花
費許多篇幅，這裡我們只好從略。

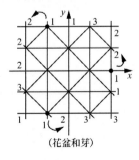

（花盆和芽）

圖 14.5

最後我們來看一看庫恩先生的神奇植物是怎麼生長的。要弄清楚這一點，還得從下面簡單的例子說起。例如，我們需要解方程式 $x^3 - 5 = 0$，可以採用以下的方法（圖 14.6）。令 $f(x) = x^3 - 5$，易知，$f(1) < 0$，$f(2) > 0$，則在 1 與 2 之間必有一根。取中點算得 $f(1.5) < 0$，這表示在 1.5 與 2 之間必有根。再取後兩者中點算得 $f(1.75) > 0$，則判斷在 1.5 與 1.75 之間有根……如此等等。根的包圍圈越縮越小，最終縮到一點，它就是我們的根 $\sqrt[3]{5}$，有 $f(\sqrt[3]{5}) = 0$。

以上計算實際上也是一種魔術植物的攀藤法。芽從 1 開始，計算一次爬一層。規定：算得某點 a 的相應函數值 $f(a) < 0$，芽向右轉，反之向左轉。由於越往上籬笆越密，最後藤生長空間越狹窄，幾乎是筆直指向 $\sqrt[3]{5}$ 了。圖 14.7 十分直觀地表現了這個過程。

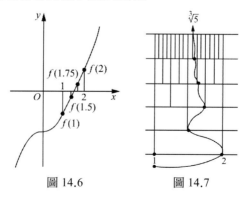

圖 14.6　　　　　圖 14.7

庫恩教授的神奇植物長藤法，用的也是上面例子中的原理。只是對藤如何在許多小四面體中穿行的規定，要比上面稍為複雜些罷了！

　　圖 14.8 是庫恩先生一根魔術藤立體攀爬的情景。這樣一座由一根藤串起來的四面體的塔，是何等的婀娜多姿！

　　目前，數學家們還根據庫恩教授的方法，編製了能在電腦上直觀演示出攀藤求根的計算程式。

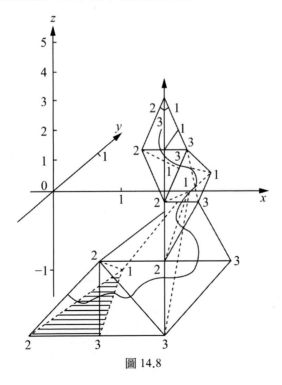

圖 14.8

十五、

從撞球遊戲的奧祕談起

撞球是 16 世紀起源於法國的一種遊戲。儘管當今很多人都喜愛這個活動，但還不能說所有的遊戲者都能充分了解這種遊戲的數學原理。

大家知道，撞球的檯子是長方形的，長與寬有一定的比例。撞球的運動是按「入射角等於反射角」的規律，經桌壁反射而行進的（圖 15.1）。

我們所關心的問題是，撞球沿某方向射出，在怎樣的情況下，會射進撞球桌 4 個角落的網洞中？

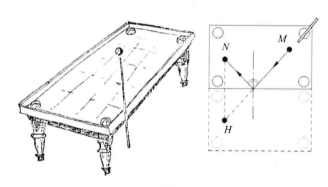

圖 15.1

圖 15.2 是利用反射再反射的方法，把撞球實際的運動路線形象地取直。不用多作解釋，讀者一定會明白，如果撞球沒有與桌壁碰撞，那麼理論上依然會沿直線運動。因此，只有當入射線延長後會通過圖中的網架格點時，撞球才有可能落入網洞中。

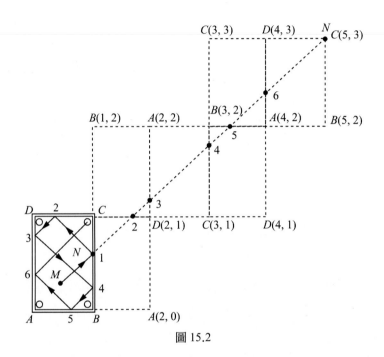

圖 15.2

　　很清楚，記號為 N（p，q）的格點與點 M 的連線，跟圖 15.2 中以長方形 ABCD 為平面單位的座標網架，相交於 p ＋ q － 2 個點。從而當撞球沿 MN 方向射出時，要經桌壁的 p ＋ q － 2 次碰撞反射，而後才落入洞中。

　　不妨把檯子看成正方形，這一點並不會從本質上改變我們的任何結論。這樣一來，圖 15.2 中的網架，實際上可以看成一個相當完美的直角座標架。在這種座標架下，「撞球直線」MN 的方程式可以寫為

$$ax + by = c \;(a \cdot b \neq 0)$$

這是一個二元一次不定方程式。如果我們沒有對方程式的解加以任何限制，那只要隨意確定一個 x，就可以求出一個相應的 y。這意味著原方程式有無窮多組答案。不定方程式的名稱大概就是由此而來。不過，在大多數的情況下，我們對方程式的解是有一定限制的，例如要求解是整數等。

兩個座標都是整數的點（p，q），簡稱為整點。二元一次不定方程式有整數解，就意味著它所代表的直線至少要經過一個整點（圖 15.3）。由於整點相當於我們前面所說的撞球遊戲中網架的格子點，所以遊戲中的撞球能否射入網洞的全部奧祕，都在於撞球的直線方程式是否存在整數解。

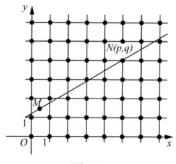

圖 15.3

是不是任何一個二元一次不定方程式都有整數解呢？不一定！例如方程式 $3x + 6y = 2$ 就不可能有整數解。事實上，左式對任何的整數值 x、y，都能被 3 整除，而右式則不能。上面的結論顯示，倘若遊戲者對撞球直線選取不當的話，即使撞球能夠與桌壁反射無數次，也未必能夠射進網洞中。

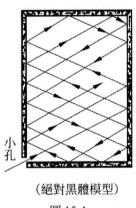

（絕對黑體模型）

圖 15.4

　　有趣的是，上述現象與物理中的「絕對黑體」有著奇妙的關聯。絕對黑體是一種能夠完全吸收光線的理想物體。在一個內壁反射效能極好、長方體箱子的一個頂點處，開一個小孔，就做成了一個絕對黑體的模型（圖 15.4）。事實上，從正面投影看，當光線從小孔射入箱體時，光線方程式可以寫為

$$ax + by = 0$$

如果光線再能由小孔逸出，則至少要求上述直線要過一個整點（p，q）。代入方程式後得

$$\frac{a}{b} = -\frac{q}{p}$$

也就是說 $\frac{a}{b}$ 應是一個有理數，但 $\frac{a}{b}$ 是有理數的情形，相比之下是非常少的。所以由小孔射進箱體的光線很難再從小孔逸出。這就是說，幾乎所有射入的光線，都被箱體吸收了！

現在我們回到二元一次不定方程式上。前面說過，一般的二元一次方程式不一定會有整數解，不過，如果我們已經知道多項式方程式 ax + by = c（a，b 互質）的一個解 x0 = p，y0 = q，那麼我們就能知道它的全部整數解。

事實上，如果 x，y 是已知方程式的另一解，則由

$$\begin{cases} ax + by = c \\ ap + bq = c \end{cases}$$

立得 a（x － p）＝－ b（y － q）

由於 a，b 互質，從而必有（x － p）＝ bk，此時（y － q）＝－ ak。

於是，我們得到

$$\begin{cases} x = p + bk \\ y = q - ak \end{cases} \quad (k = 0, \pm 1, \pm 2 \cdots)$$

　　以上顯示，如果我們能找到二元一次不定方程式的某個特解，那麼要寫出其全部的整數解，幾乎沒有什麼困難。

　　華裔物理學家諾貝爾物理學獎得主李政道博士，在訪問某大學時，曾向學生提出以下有趣的問題：

　　「海灘上有一堆栗子，這是 5 隻猴子的財產，牠們要平均分配。第一隻猴子來了，牠左等右等，別的猴子都不來，便把栗子分成 5 堆，每堆一樣多，還剩下一個。牠把剩下的一個順手扔到海裡，自己拿走 5 堆中的一堆。第二隻猴子來了，牠又把栗子分成 5 堆，又多一個。牠又扔掉一個，自己拿走一堆。以後每隻猴子來時，也都遇到類似情形，也全都照此辦理。問：原來至少有多少個栗子？最後至少有多少個栗子？」

　　這道題可以這樣解答：設該堆原有 x 個栗子，最後剩下 y 個栗子。依題意得

$$\frac{4}{5}\left(\frac{4}{5}\left(\frac{4}{5}\left(\frac{4}{5}\left(\frac{4}{5}(x-1)-1\right)-1\right)-1\right)-1\right) = y$$

　　整理得：

$$1024x - 3125y = 8404$$

　　要解上述不定方程式似乎不太容易。但如果注意到係數 3125 － 1024 ＝ 2101，恰為 8404 的 1/4，也就知道 x ＝－ 4，y ＝－ 4 是方程式的一個特解。根據前面說到的公式，上述不定方程式的所有整數解可以寫成

$$\begin{cases} x = -4 - 3125k \\ y = -4 - 1024k \end{cases} \quad (k = 0, \pm 1, \pm 2, \cdots)$$

　　上式當 k ＝－ 1 時得到最小的正數 x ＝ 3121，y ＝ 1020，這就是李政道博士所提問題的答案。

　　李政道博士在講到上面問題時還指出，著名的英國物理學家狄拉克（P. A. M. Dirac，1902 ～ 1984），曾對此提出過一個巧妙的解法。狄拉克的方法在此不做介紹，但最終的結論卻不能不提，因為它簡潔得使人驚異！即如果題中的猴子數為 5，則有

$$\begin{cases} x = 5^5 - 4 \\ y = 4^5 - 4 \end{cases}$$

十六、

容器倒來倒去的啟示

一道優秀的智力測驗題給予人們的啟示，往往比問題本身還要深刻得多。下面這道有趣的問題，就是一例。

有 3 個容器，它們的容量分別是 3 公升、7 公升和 10 公升。今有 10 公升液體，想把它等分成兩半，如果只用這 3 個容器，問倒法應為如何？

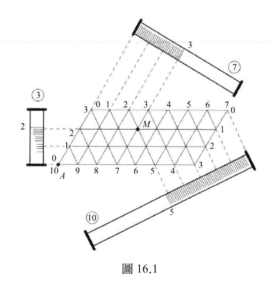

圖 16.1

問題解答的構思是頗為巧妙的：在一個相鄰兩邊長分別為 3 單位和 7 單位、且夾角為 60 度的平行四邊形裡，如圖 16.1，作一個等邊三角形組成的三角網。這樣網中的每一個點，即代表某時刻 3 個容器中現裝液體的狀態。例如，圖中的 M 點，表示 3 公升容器裡現有 2 公升液體，7

公升容器裡現有 3 公升液體，而 10 公升容器裡現有 5 公升液體。這個狀態我們簡記為（2，3，5），這種記法有點類似於點的座標。很明顯，如果最初液體都裝於 10 公升容器中，則此時 3 個容器處於 A（0，0，10）狀態。當容器倒來倒去，它們的狀態究竟產生哪些變化？由於在每次倒的過程中，總有一個容器裝的液體沒有變動，所以每一次倒前與倒後，代表容器狀態的點，只能從圖中某一線段的一端，移到另外一端。此外，在倒的過程中，往往不是一個容器被倒滿，就是另一個容器被倒光。這意味著，在倒來倒去問題中，所有可能形成的狀態，其相應的點必須在平行四邊形的 4 條邊上。

根據以上規律，我們可以從 A 點出發，用兩種方法來等分 10 公升液體。

第一種方法，如圖 16.2 所示。

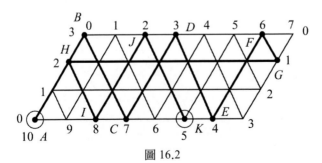

圖 16.2

131

第一種方法的倒法過程，對應表如表 16.1 所示。

表 16.1 方法一對應表

次數	容器現裝液體			相應點	狀態記號
	3 公升	7 公升	10 公升		
0	0	0	10	A	(0,0,10)
1	3	0	7	B	(3,0,7)
2	0	3	7	C	(0,3,7)
3	3	3	4	D	(3,3,4)
4	0	6	4	E	(0,6,4)
5	3	6	1	F	(3,6,1)
6	2	7	1	G	(2,7,1)
7	2	0	8	H	(2,0,8)
8	0	2	8	I	(0,2,8)
9	3	2	5*	J	(3,2,5)
10	0	5*	5*	K	(0,5,5)

表中「*」顯示，在倒第 10 次之後，在 7 公升與 10
公升容器之中，已各有 5 公升液體，即此時已將 10 公升
液體等分。

第二種方法，如圖 16.3 所示。

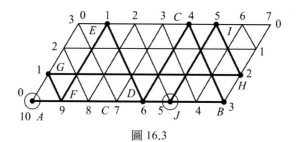

圖 16.3

第二種方法的倒法過程，對應表如表 16.2 所示。

表 16.2 方法二對應表

次數	容器現裝液體			相應點	狀態記號
	3 公升	7 公升	10 公升		
0	0	0	10	A	(0,0,10)
1	0	7	3	B	(0,7,3)
2	3	4	3	C	(3,4,3)
3	0	4	6	D	(0,4,6)
4	3	1	6	E	(3,1,6)
5	0	1	9	F	(0,1,9)
6	1	0	9	G	(1,0,9)
7	1	7	2	H	(1,7,2)
8	3	5*	2	I	(3,5,2)
9	0	5*	5*	J	(0,5,5)

表中「*」顯示，在倒第 10 次之後，在 7 公升與 10 公升容器之中，已各有 5 公升液體，即此時已將 10 公升液體等分。

以上兩種方法，效果雖然相同，但對比之下，第二種方法少倒一次，當然更好。然而，第二種方法是否是最佳解？除兩種方法外，還存在其他倒法嗎？怎麼判定最佳倒法的次數……這一連串問題，我想善於思索的讀者，在讀完本節之後，一定能夠自行找到答案。

讀者可能已經注意到，無論哪種方法，10 公升容器只是產生「中轉」的作用，而它本身的容量，除了必須足夠裝下其餘容器的全部液體外，別無其他限制。

　　上述事實讓我們的問題驟然變得十分簡潔。即實質上，整個倒法的過程，只是對 3 公升的容器倒滿 x 次，而對 7 公升的容器倒滿 y 次，使總結果有

$$3x + 7y = 5$$

上式中的 x，y 可以是負整數，表示倒出。

　　容易看出，x = 4，y = － 1 是不定方程式 3x + 7y = 5 的一組解。這顯示實際上只要把 3 公升的容器裝滿 4 次，又倒給 7 公升的容器，把它裝滿倒光一次，即可將 10 公升液體平分。倒法過程的程序如表 16.3 所示。顯然，這就是第一種方法。

表 16.3 倒法過程程序表

次數	3公升容器	7公升容器	10公升容器	程序說明
0	0	0	10	
1	3	0	7	第一次裝滿 3 公升；
2	0	3	7	（倒光）
3	3	3	4	第二次裝滿 3 公升；
4	0	6	4	（倒光）
5	3	6	1	第三次裝滿 3 公升；
6	2	7	1	（7 公升滿）
7	2	0	8	第一次倒光 7 公升；
8	0	2	8	（倒光）
9	3	2	5*	第四次裝滿 3 公升；
10	0	5*	5*	（倒光）

表中「*」顯示，在倒第 10 次之後，在 7 公升與 10 公升容器之中已各有 5 公升液體，即此時已將 10 公升液體等分。

按照前一種方法，同樣可以看出，x ＝－ 3，y ＝ 2 也是不定方程式 3x ＋ 7y ＝ 5 的一組解。它表示要把 7 公升容器倒滿 2 次，然後倒給 3 公升的容器，把它裝滿、倒光 3 次，即可將 10 公升液體平分。這就是第二種方法。

現在我們進一步討論一般性問題。即假定 3 個容器的容量為 p 公升、q 公升和 s 公升（s ＝ p ＋ q），要求透過倒來倒去，從中分離出 n 公升來。根據前面的分析，若我們能夠求出不定方程式

$$px + qy = n$$

的一組整數解，也就實際上找到了一種倒來倒去的分離方法。

然而，怎樣才能保證方程式 px ＋ qy ＝ n 有整數解呢？只要 p，q 互質，上述不定方程式就必然有整數解。事實上，當 p、q 互質時，我們一定能夠找到一組整數 *l*、*m*，使

$$pl + qm = 1$$

這樣就有 n（pl ＋ qm）＝ n

即得

$$
\begin{cases}
x = nl \\
y = nm
\end{cases}
$$

　　求 l、m 的方法，其歷史相當古老，相傳是由古希臘數學家歐幾里得於西元前 4 世紀創立的。歐幾里得方法的核心是輾轉相除。兩數 p 與 q（p ＜ q）輾轉相除，指的是用 p 除 q，得餘數 r1；若 r1 ≠ 1，則轉過來用 r1 除 p，又得餘數 r2，若 r2 ≠ 1，則再轉過來用 r2 除 r1，再得餘數 r3，如此反覆，輾轉相除。由於 p、q 互質，上述步驟必達某餘數等於 1 為止。

　　利用輾轉相除的式子，逐一倒推，即可求得 l、m。我們用上節李政道博士問題中的不定方程式為例，來講解這個道理。

　　令 1024l ＋ 3125m ＝ 1

　　顯然，p ＝ 1024，q ＝ 3125。用輾轉相除法

$$
\begin{cases}
3125 = 1024 \times 3 + 53 \\
1024 = 53 \times 19 + 17 \\
53 = 17 \times 3 + 2 \\
17 = 2 \times 8 + 1
\end{cases}
$$

由上面各式逐一倒推可得

$1 = 17 - 2 \times 8$

$= 17 - (53 - 17 \times 3) \times 8$

$= 17 \times 25 - 53 \times 8$

$= (1024 - 53 \times 19) \times 25 - 53 \times 8$

$= 1024 \times 25 - 53 \times 483$

$= 1024 \times 25 - (3125 - 1024 \times 3) \times 483$

$= 1024 \times 1474 - 3125 \times 483$

於是得到 $l = 1474$，m $= -483$。又因 n = 8404，從而

$$\begin{cases} x = nl = 8404 \times 1474 = 12\ 387\ 496 \\ y = -nm = 8404 \times 483 = 4\ 059\ 132 \end{cases}$$

在〈十五、從撞球遊戲的奧祕談起〉中說過，不定方程式 1024x － 3125y ＝ 8404 的所有整數解是

$$\begin{cases} x = -4 - 3125k \\ y = -4 - 1024k \end{cases}$$

上面所求的解，相當於 k ＝ － 3964。這也是一個特解。

從表面上看，本節所求的特解，要比〈十五、從撞球遊戲的奧祕談起〉的特解 $x = -4$，$y = -4$ 複雜得多，但兩者是有很大不同的。前者靠的是科學的推理，後者憑的是一時的猜測。一時的猜測乃思維的貧乏，嚴密的推理是科學的結晶。

藉助於歐幾里得輾轉相除法，終於證實了容器倒來倒去問題的解的存在。但存在不等於最佳，從存在到最佳間還有一段漫長的路。這是本節問題留給人們的又一個啟示。

十七、

點兵場上的神算術

韓信是漢初的一員大將，善於帶兵。相傳有一天，他在一名部將的陪同下，檢閱士兵的操練。當全體士兵編成 3 路縱隊時，韓信問：「最後一排剩多少人？」部將報告：「排尾剩下 2 人。」當隊伍編成 5 路縱隊時，韓信又問：「最後一排剩幾人？」答：「剩下 3 人。」最後韓信又下達了隊伍編成 7 路縱隊的命令，並得知排尾依舊剩有 2 人。

編隊結束後，韓信問：「今天有多少將士參加操練？」部將回答：「今天上場操練的應當有 2,345 人。」韓信想了一想，說：「不對吧！場上實際只有 2,333 人，比你報的數字要少 12 個。」部將半信半疑，下令重新清點人數，結果果然是 2,333 人！於是部將問韓信是怎麼得知準確數字時，韓信笑著說：「我是根據你剛才報的編隊排尾餘數算出來的。」

以上就是著名的「韓信點兵」的故事。故事的情節無疑是後人杜撰的，但點兵場上的神算術，卻包含著深刻的科學道理。它源於 2 世紀中國古代的一部算書——《孫子算經》。

《孫子算經》裡有一道題：有個數字，用 3 除餘數是 2，用 5 除餘數是 3，用 7 除餘數又是 2。現在問這究竟是什麼數字？由於這道問題融趣味性和挑戰性於一體，使其在千百年的歷史長河中，演化出許多頗帶神祕色彩的名

字，諸如「鬼谷算」、「神奇妙算」、「秦王暗點兵」、「大衍求一術」……等。這些無從查考的名字，除最後一個外，實在都與問題的本身風馬牛不相及。

這道題在《孫子算經》中提供了以下答案：先把 5 和 7 相乘，再乘 2，得出 70，用 3 除餘數是 1；再用 3 和 7 相乘，得出 21，用 5 除餘數又是 1；再用 3 和 5 乘，得出 15，用 7 除餘數也是 1。然後把用 3 除所得的餘數 2 和 70 相乘，得出 140；把用 5 除所得的餘數 3 和 21 相乘，得出 63；把用 7 除所得的餘數 2 和 15 相乘，得出 30。再把以上所得的 140，63，30 加起來，得 233。由於 $3 \times 5 \times 7 = 105$，所以 233 減去 2 倍的 105，得到數 23。它除以 3、5、7 時，餘數不會改變。所以 23 就是上面問題的最簡答案。

以上演算法可以歸納為兩個式子：

$70 \times 2 + 21 \times 3 + 15 \times 2 = 233$

$233 - 105 \times 2 = 23$

1593 年，明朝數學家程大位在其《算法統宗》一書中，還把《孫子算經》上的方法，概括為一首詩：

三人同行七十稀，五樹梅花廿一枝；

七子團圓正半月，除百零五便得知。

現在回到「韓信點兵」的問題上，很明顯，點兵場上的士兵數 x 應等於 x = 233 ＋ 105n（n 為整數）。又一般統計人數往往偏多，這就是說，應該有

$$x \le 2345$$

從而當 n = 20 時，所得 x 值最接近部將報的人數，這就是韓信所說的 2333。

不能不提的是，著名數學家華羅庚（1910 ～ 1985）曾對此提出一種構思頗為巧妙的「笨」方法！即在算盤上先撥上 2，然後每次加 3，一直加到除以 5 餘 3 為止。然後再在這個數上每次加 15，直到除以 7 餘 2 為止。整個過程實際上只有兩行算式：

2；2 ＋ 3 = 5；5 ＋ 3 = 8

8；8 ＋ 15 = 23

看！結果出來了。「笨」方法其實不笨！

《孫子算經》上所用的方法，古人稱之為「大衍求一術」。這個名稱起自南宋的秦九韶。1247 年，秦九韶在他不朽的《數書九章》中，對「大衍求一術」補充了完整的演算法，並加以推廣和應用。西方國家最早獲得同樣成果的是尤拉和高斯，但這已是 550 年後的事。可見秦九韶

當時的成就多麼驚人，難怪西方數學家至今仍把這種方法叫做「中國剩餘定理」。

以下我們透過一般性問題，來仔細介紹「大衍求一術」。求一數 N，使得以 a1 除時餘 r1，以 a2 除時餘 r2，以 a3 除時餘 r3……等等。寫成代數式就是

$$\begin{cases} N = a_1 q_1 + r_1 \\ N = a_2 q_2 + r_2 \\ N = a_3 q_3 + r_3 \\ \vdots \end{cases}$$

「大衍求一術」首先要求找到一個數 m1，它除以 a1 餘 1，而又同時被 b1 = a2 · a3 除盡；再求一個數 m2，它除以 a2 餘 1，而又同時被 b2 = a1 · a3 除盡；又求一個數 m3，它除以 a3 餘 1，而又同時被 b3 = a1 · a2 除盡……如此等等。以上一系列「求 1」的過程，相當於解一系列不定方程式

$$b_i x + a_i y = 1 \quad (i = 1，2，3，\cdots)$$

在〈十六、容器倒來倒去的啟示〉中已經說過，當 a1、a2、a3 互質時，利用輾轉相除法，我們能求得上

面不定方程式的解 x_i（$i = 1$，2，3）於是，若令 $m_i = b_i x_i$，那麼

$$m_1 r_1 + m_2 r_2 + m_3 r_3$$

就是一個除以 a_1 餘 r_1，除以 a_2 餘 r_2，除以 a_3 餘 r_3 的數。即為上面問題的答案之一，它加上或減去 $a_1 \cdot a_2 \cdot a_3$，依然具有同樣的性質。

例如，求一最小正整數，使其以 3 除餘 2，以 7 除餘 3，以 11 除餘 4。

先求以 3 除餘 1 且被 77 除盡的數，這可以從 77 的倍數中去找。很明顯，154 就是。即求得 m1 = 154。再求以 7 除餘 1 且被 33 除盡的數。用輾轉相除法可得 $33 - 7 \times 4 = 5$；$7 - 5 = 2$；$5 - 2 \times 2 = 1$

因此 $1 = 5 \times 1 - 2 \times 2$

$= 5 \times 1 - (7 - 5) \times 2$

$= 5 \times 3 - 7 \times 2$

$= (33 - 7 \times 4) \times 3 - 7 \times 2$

$= 33 \times 3 - 7 \times 14$

於是求得 $m_2 = 33 \times 3 = 99$。同理，還可以求得 $m_3 = -21$，由於題中 $r_1 = 2$，$r_2 = 3$，$r_3 = 4$，從而

$$m_1r_1 + m_2r_2 + m_3r_3$$

$$= 154 \times 2 + 99 \times 3 + (-21) \times 4$$

$$= 308 + 297 - 84 = 521$$

注意到 $3 \times 7 \times 11 = 231$，所以用 3 除餘 2，用 7 除餘 3，用 11 除餘 4 的最小正整數是 $521 - 231 \times 2$，即 59。

最後還要提到一段歷史。1856 年，「大衍求一術」經別爾納斯基翻譯傳到歐洲。數學史學家偉烈亞力等人，根據別爾納斯基的譯本做了注解。但由於譯本中的某些疏忽，致使這個方法的正確性，受到大名鼎鼎的集合論創始人康托爾教授等一批學者的懷疑。後來經馬蒂生等人的努力，論證了「大衍求一術」實際上與高斯的公式相一致，這才使西方學者對中國數學史上這個光輝篇章的誤解，得以澄清。因此，在這裡有必要再一次提到它，以正視聽！

十八、

數學王國的巾幗英雄

陀螺是中小學生熟悉的一種玩具。一個小小的陀螺，在桌面上飛速地旋轉著，但見它立定一點，一面繞傾斜於桌面的軸急速自轉，另一面自轉軸又宛如錐體母線般繞著過定點而垂直於桌面的軸線，緩慢而穩定地做公轉運動。

陀螺旋轉的時候為什麼不會倒？在千萬個玩陀螺的人中，能正確回答出這個問題的，大概不會太多。的確，陀螺的轉動是十分有趣而神祕的。

陀螺在科學上有很高的研究價值和實用價值。把旋轉的陀螺拋向空中，它能使自己的軸保持原來的方向。陀螺的這個特性，被用來製造定向陀螺儀，廣泛用於航海、航空和太空飛行中。

然而，關於陀螺運動的研究，或者換成更學術的說法，叫剛體繞固定點運動的問題，卻有一段神奇的歷史。

1888 年，法國科學院舉行第 3 次有獎國際徵文，懸賞 3,000 法郎，向全世界徵集有關剛體繞固定點運動問題的論文。在此之前的幾十年內，鑑於該問題的重要性，法國科學院曾以同樣的獎金進行過兩次徵文。不少傑出的數學家曾經嘗試過解答，但都未能成功。兩次徵文的獎金，依然原封不動地擱置著。為此，法國科學院決定第 3 次徵集論文，這使許多素有盛望的數學家躍躍欲試。到了評判那天，評審們全都大為震驚，他們發現有一篇文章鶴立雞

群。這是一篇閃爍著智慧光芒的佳作，每一個步驟、每一個結論，都充溢著高人一等的才華。鑑於它具有特別高的科學價值，評審們破例決定，把獎金從原本的 3,000 法郎，提高到 5,000 法郎。

評判結束了，開啟密封的名字一看，原來獲獎的是一位俄羅斯女性，她就是數學王國的巾幗英雄，一位蜚聲數壇的女數學家索菲婭・柯瓦列夫斯卡婭（Sofya Kovalev-skaya，1850 ～ 1891）。

開啟世界的科學史，科學家中的女性屈指可數，女數學家更是寥若晨星。而在 20 世紀之前，能夠載入數學史冊的，柯瓦列夫斯卡婭大概可以排在第一名，她的奮鬥經歷充滿著傳奇色彩。

歷史上值得一提的女數學家還有：希帕提亞（Hypatia，約 370 ～ 415），古希臘數學家，亞歷山卓城的柏拉圖學派領導人；索菲・熱爾曼（Sophie Germain，1776 ～ 1831），法國數學家，在挑戰費馬定理方面獨樹一幟，為紀念她，人們把 p 與 $2p + 1$ 都是質數的數，稱為「索菲・熱爾曼質數」；愛達・勒芙蕾絲（Ada Lovelace，1815 ～ 1851），英國數學家，在演算法上頗有建樹，被譽為世界上第一位程式設計師，目前使用的 Ada 電腦語言，就是以她的名字命名的；埃米・諾特（Emmy Noether，1882 ～

1935），德國數學家，在數學和物理方面都有傑出貢獻，是抽象代數奠基者之一。

柯瓦列夫斯卡婭生於將軍之家，由於叔叔彼得的啟蒙，她對數學產生了濃厚的興趣。但她的父親，一位退休的軍人，帶著對女性古老的偏見，反對女兒學數學。在這種情況下，柯瓦列夫斯卡婭只好躲在自己的房間裡偷偷看數學書。這種神祕的學習氣氛，反而增加了柯瓦列夫斯卡婭的好奇心和求知慾，她的進取心更強了，這時她才 13 歲。第二年，一本基利托夫的物理書引起了柯瓦列夫斯卡婭的注意，因為基利托夫教授是她的鄰居。在翻看教授的著作時，她發現書中用到許多三角知識，然而三角對這時的她，卻是一個陌生的世界。於是她從畫弦開始，自己推演出一系列三角公式，這無疑相當於一個數學分支史的再創造！這個超人的天賦，使基利托夫教授相當驚愕，他彷彿看到一位新帕斯卡的出現。法國數學家帕斯卡在少年時期曾是世人公認的神童。在基利托夫教授的再三說服下，柯瓦列夫斯卡婭的父親終於同意她前往外地學微積分和其他課程。就這樣，她得以刻苦學了兩年。正當她渴望能上大學深造時，父親嚴令將她召回。這位當過將軍的父親，怎麼也無法理解女兒的要求。他那花崗岩般的腦袋，始終認定女人和數學是不可共容的兩個詞，況且女兒已經長大成人了。

為了繼續自己的學業，柯瓦列夫斯卡婭使出了身為女孩最為有效的一招！她決定出嫁，丈夫是一位年輕、開明的生物學家。婚後，她與丈夫雙雙來到聖彼得堡。可是一到那裡，美好的幻影立即破滅，因為當時的俄國大學不招收女生。

　　世界上許多事常常事與願違。結婚，既帶給柯瓦列夫斯卡婭歡悅，也帶給她苦惱。沒過多久，柯瓦列夫斯卡婭當了母親。幼小的生命、繁重的家務，淡化了她對數學的熱愛。一天，家裡沒有糊牆的紙，她就用數學家奧斯特洛格拉德斯基（Mikhail Ostrogradsky，1801 ～ 1862）的書撕下來裱糊。沒想到這些散頁中的各種符號，重新激起柯瓦列夫斯卡婭學數學的熱情，在丈夫的支持下，她一面買了許多數學書日夜攻讀，另一面在聖彼得堡大學非正式跟班旁聽。隨著學業的進步，她對深造的願望更加強烈了！

　　1870 年，年僅 20 歲的柯瓦列夫斯卡婭毅然決定前往柏林，那裡有一所她傾慕的學府 —— 柏林大學。但是她不知道，在那個時代，歧視婦女的思想並沒有國界，柏林大學拒絕接納這位外國女生。然而柯瓦列夫斯卡婭並未因此放棄，她找到了在柏林大學任教的著名數學家卡爾・魏爾施特拉斯（Kal Weierstrass，1815 ～ 1897），直接向他陳述自己的請求。這位年近花甲的教授迷惑了，他用懷疑

的眼神看了看這個異邦的女孩，然後向她提出了一個在當時相當深奧的橢圓函數問題，這是教授前一刻正在思考的。柯瓦列夫斯卡婭當場做了解答。精闢的結論，巧妙的構思，非凡的見解，震撼了魏爾施特拉斯！教授破例答應收她為私人學生。在名師指點下，柯瓦列夫斯卡婭如虎添翼，迅速地成長。

1873 年，柯瓦列夫斯卡婭連續發表 3 篇有關偏微分方程式的論文。由於論文具有的創造性和價值，1874 年 7 月，哥廷根大學破例在無須答辯的情況下，授予柯瓦列夫斯卡婭博士學位，那年她才 24 歲。

1875 年，柯瓦列夫斯卡婭滿懷熱情返回故土，但等待她的卻是無限的憂愁。俄國不允許一個女人走上講臺，研究機構也沒有女人的位置。就這樣，這位俄羅斯的天才女兒，令人惋惜地中斷了 3 年的研究。而後她又因小女兒的出生，再次耽擱了 2 年的研究。1880 年，聖彼得堡召開科學大會，著名數學家柴比雪夫（Pafnuty Chebyshev，1821 ～ 1894）請她為大會提供一篇文章。她從箱底翻出一篇 6 年前寫成、卻沒有發表的、關於阿貝爾積分的論文，獻給大會。然而這篇放置 6 年之久的文章，依舊引起大會的轟動。

1888 年 12 月，法國科學院授予柯瓦列夫斯卡婭波士頓獎，表彰她對剛體運動研究的傑出貢獻。1889 年，瑞典科學院也向柯瓦列夫斯卡婭授了獎。同年 11 月，懾服於這位女數學家的巨大功績，以及以柴比雪夫為首的一批數學家的堅決請求，俄國科學院終於放棄了「女人不能當院士」的舊規。年已古稀的柴比雪夫，激動地發給柯瓦列夫斯卡婭電報：

　　在沒有先例地修改了院章後，科學院剛剛選妳當通訊院士。我非常高興看到，我最急切和正義的要求之一實現了。

　　1891 年初，柯瓦列夫斯卡婭在從法國返回斯德哥爾摩途中病倒。由於醫生的誤診，無情的病魔奪走了她光彩奪目的生命，此時她年僅 42 歲。

十九、

晶體・平面均勻鑲嵌

天工造物，常常壯麗得讓人驚嘆不已，晶體便是一例。一顆華貴的鑽石，閃爍光輝、堅硬無比，那是由世上最常見的碳原子，按照一種非常有次序的排列，而構成的純晶體（圖 19.1）。石英晶瑩透亮，那是一種與花崗岩相同成分的六角柱狀晶體（圖 19.2）。普通的食鹽，有立方體的晶形。

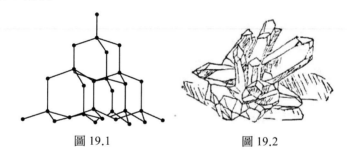

圖 19.1　　　　　　　　　圖 19.2

我們常見的鉛筆芯，是由一種叫石墨的原料製成的。當鉛筆移動時，石墨層滑落，於是在紙上留下了筆跡。石墨的這種性質，是由於它內部的原子有規則地建成平面層，然後又層層相疊，如此而已（圖 19.3）。使人感到驚訝的還在於，這種黑不溜丟的石墨晶體，已被科學證實是高雅華麗的金剛石的「孿生兄弟」。

幾乎所有礦物都是晶體，迄今為止，地球上發現的礦物已不下兩千種。然而，晶體並非礦物所獨有，自然界其

他類型的晶體還有很多。在放大鏡下觀察雪花，可以看到它是由六角形圖案的冰晶組成（圖 19.4），而且世間無數雪花中沒有兩片是一樣的。

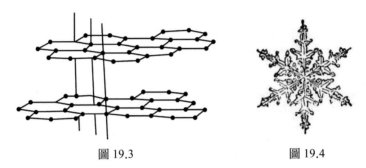

圖 19.3   圖 19.4

　　但是晶體的幾何結構，並非隨意的。1885 年，俄國年輕礦物學家費德洛夫論證：一切晶體的結構，只會有 230 種不同對稱要素的組合方式。費德洛夫的結論轟動了整個化學界，其本人也因結晶學上的成就，被選為聖彼得堡科學院院士。有趣的是，費德洛夫的論證實質上並不涉及化學，而僅僅是使用了數學工具而已。此後，在 1912 年，德國科學家勞厄（Max von Laue）和英國科學家威廉‧布拉格父子（William Henry Bragg、William Lawrence Bragg）用 X 射線照射晶體，讓人們直觀地洞悉了晶體美麗外形下的內部規律，從而在實踐中證實了費德洛夫理論的正確性。

想徹底了解費德洛夫的證明，必須用到更深的數學知識。不過如果從空間退到平面上來，似乎有助於我們的理解。圖 19.5 是上面講到的石墨晶體一個層的示意圖，圖中的點代表碳原子，每一個正六邊形稱為單位格子。在不同晶體中，單位格子可以是不同的圖形。一個單位格子經過兩組不相平行的平移 na 和 mb（n 和 m 都是整數），所得到的圖形叫做面飾。使面飾不變的動作，如平移、旋轉、反射等構成面飾的對稱群。群的概念我們在〈八、數學史上的燦爛雙星〉中曾經做過介紹。數學上已經證明：面飾的對稱群共有 17 種。

有一類面飾是用正多邊形來鑲嵌平面，由此可以得到一些極為瑰麗的圖案。欣賞這些絕妙的圖案，有時可以令人心曠神怡。

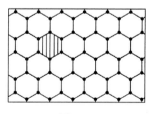

圖 19.5

如果鑲嵌圖的每一個頂點都由相同結構的正多邊形構成，則這種鑲嵌是均勻的。當然不是什麼樣的正多邊

形都能鋪滿平面。如果只限單一的正多邊形，那不難知道，除了上面說過的正六邊形外，還可能有以下兩種（圖 19.6）。但如果可以由不同種類的正多邊形組合，那就必須使它們的內角在鑲嵌圖的每個頂點處，恰好拼成一個周角，如圖 19.7 所示。由於正 n 邊形的一個內角為 $\left(\frac{1}{2}-\frac{1}{n}\right) \cdot 2\pi$，所以上述要求，無疑相當於求一組正整數 n、p、q、r、……、t，使

$$\left(\frac{1}{2}-\frac{1}{n}\right)+\left(\frac{1}{2}-\frac{1}{p}\right)+\left(\frac{1}{2}-\frac{1}{q}\right)+\cdots+\left(\frac{1}{2}-\frac{1}{t}\right)=1$$

(a) (b)

圖 19.6

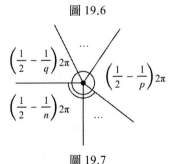

圖 19.7

這個不定方程式共有 17 組整數解，其中能夠鋪滿平面的只有 10 組，它們是

（1）n＝3，p＝3，q＝3，r＝3，s＝3，t＝3（圖 19.6（b））；

（2）n＝3，p＝3，q＝4，s＝4（有兩種圖案，見圖 19.8）；

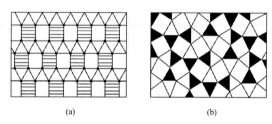

圖 19.8

（3）n＝3，p＝3，q＝3，r＝3，s＝6（圖 19.9（a））；

（4）n＝3，p＝3，q＝6，r＝6（有兩種圖案，它們的差別僅在於配合的排列，如圖 19.9（b）、圖 19.10（a）所示）；

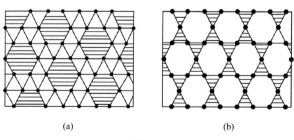

圖 19.9

（5）n ＝ 3，p ＝ 4，q ＝ 4，s ＝ 6（有兩種圖案，如圖 19.10（b）、圖 19.10（c）所示）；

（6）n ＝ 3，p ＝ 12，q ＝ 12（圖 19.10（d））；

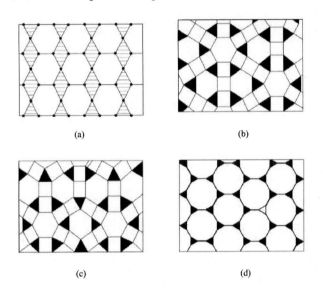

(a)　　　　　　　　　(b)

(c)　　　　　　　　　(d)

圖 19.10

（7）n ＝ 4，p ＝ 4，q ＝ 4，r ＝ 4（圖 19.6（a））；

（8）n ＝ 4，p ＝ 8，q ＝ 8（圖 19.11（a））；

（9）n ＝ 4，p ＝ 6，q ＝ 12（圖 19.11（b））；

（10）n ＝ 6，p ＝ 6，q ＝ 6（圖 19.5）。

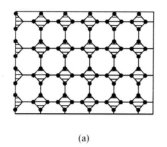
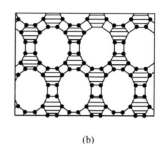

(a)   (b)

圖 19.11

　　除了以上 10 組外，還有 7 組整數解，但它們只能讓某些頂點滿足關係式，而無法形成整個平面的均勻鑲嵌，見表 19.1。

表 19.1 7 組整數解

編號	n	p	q	r	備註
(11)	3	10	15	—	—
(12)	3	9	18	—	—
(13)	3	8	24	—	—
(14)	4	5	20	—	—
(15)	3	3	4	12	有兩種
(16)	5	5	10	—	—
(17)	3	7	42	—	—

　　多邊形鑲嵌平面的理論，在建築結構、廢物利用等方面有很大的實用性。例如，某木器廠有一批大小一樣的四邊形剩餘材料，我們可以如圖 19.12 那樣，把它們拼接成一塊完整的地面。

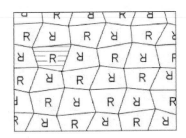

圖 19.12

需要指出的是，有一些非均勻的鑲嵌，其圖案也與均勻鑲嵌同樣壯麗和美觀（圖 19.13）。

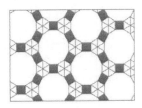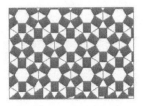

圖 19.13

二十、

數學世界的「海市蜃樓」

地球，這個運載人類的方舟，一如既往地在浩瀚的宇宙中航行。繁衍生息於方舟之上的智慧生命，以其數千年累積的智慧，終於在某一天，向茫茫的太空發出震撼人心的呼聲：在其他星球上是否存在著具有高度智慧的生命？

從 1969 年 7 月 20 日，美國「阿波羅號」首次載人登陸月球，直至今日，人類不僅已經征服了月球，還派出忠實的「信使」，飛向廣袤的太空，尋覓知音。如果有朝一日，我們的太空船到達某個星球，又如果那裡也有高等生命存在，那我們將用什麼東西作為兩個星球之間的智慧媒介呢？

1972 年 3 月和 1973 年 4 月，美國國家航空暨太空總署相繼發射了「先鋒 10 號（Pioneer 10）」和「先鋒 11 號（Pioneer 11）」太空探測器，這兩個探測器目前都已完成探測太陽系行星的任務，並離開太陽系，繼續向太空深處飛去。這兩位星際旅行的「先鋒」，各帶著一塊金屬板，板上畫有地球上智慧生命的形象 —— 一個男人和一個女人；畫有太空船本身的外形輪廓和太空船的出發點（圖 20.1）。

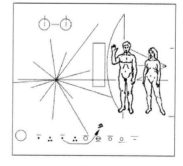

圖 20.1

追隨「先鋒」的足跡，1977 年又有兩艘太空船「航海家號」登上太空，這次帶著「地球之音」：115 張照片、35 種自然聲音、60 種語言的問候語，和 27 支世界名曲。

　　以上這些無疑都是地球人在向未知的「外星人」做自我介紹。然而，這些圖畫和聲音能被外星人所了解嗎？對此，著名數學家華羅庚教授認為，為了溝通兩個不同星球的訊息，最好帶著兩個圖形：一個是「數」，一個是「數形關係」。圖 20.2 表示勾股定理，大家都很熟悉。圖 20.3 是聞名於世的「洛書」，源於古代中華文化。傳說大約在 3,000 年前夏禹治水時，洛水裡浮現出一隻大烏龜，龜殼上刻有奇怪的花紋（圖 20.4），實際上就是圖 20.3 的樣子，「洛書」即由此得名。「洛書」有一個奇特的性質，就是橫的 3 列，縱的 3 行以及兩對角線上各自 3 個數字的和都等於 15。「洛書」傳到印度，被認為是吉祥的象徵，至今還有許多印度少女把「洛書」的圖案當作護身符。

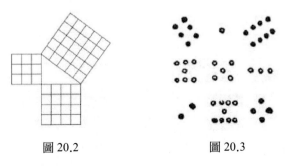

圖 20.2　　　　　　　　　圖 20.3

由於洛書共有 9 個數，所以漢代徐岳把它稱作「九宮算」。九宮算在漢代之後有了很大的發展，成為縱橫均 n 行的圖案，又叫「縱橫圖」。下面列的是兩個歷史上頗為著名的 4 階縱橫圖（圖 20.5）。這些縱橫圖除了具備橫列、縱行及兩對角線上各自數字的和為定數外，還各有許多意想不到的奇特性質。

圖 20.4

圖 20.5

(a)

(b)

15 世紀，住在君士坦丁堡的摩索普拉把縱橫圖介紹到歐洲，並取名為「幻方」。由於歐洲對幻方的研究後來居上，又因幻方有海市蜃樓般變幻莫測的性質，所以幻方一

詞便逐漸被世人所接受。

　　現存歐洲最古老的幻方，是 1514 年德國畫家阿爾布雷特·杜勒（Albrecht Dürer，1471 ～ 1528）在他著名的銅版畫「憂鬱」上刻的圖（圖 20.5（a））。有趣的是，杜勒在幻方中把創作的年分也塞了進去。圖 20.5（b）是印度神廟石碑上的幻方，刻於 11 世紀。這個幻方上有 85 組 4 數之和為 34 的組合。更為奇特的是，若把幻方邊上的行或列，挪到另一邊，新得的仍是幻方。

　　幻方中各行或各列數字的和，我們稱為「變幻常數」。3 階幻方的變幻常數 $N_3 = 15$；4 階幻方的變幻常數 N；$N_1 = 34$，對於 n 階幻方，所有 n^2 個數字的總和為

$$1 + 2 + 3 + \cdots + n^2 = \frac{1}{2}n^2(n^2 + 1)$$

它顯然等於 n 個變幻常數之和，從而

$$N_n = \frac{1}{2}n(n^2 + 1)$$

　　圖 20.6 是歐洲某博覽會大廳地磚上的數字，這裡任意一個 5×5 的正方形，都構成一個 5 階幻方。5 階幻方的變幻常數

$$N_5 = \frac{1}{2} \times 5 \times (5^2 + 1) = 65$$

　　圖 20.7（a）是 1956 年在中國陝西元代安西王府舊址發掘出的鐵板圖案，上面刻的是六階印度 —— 阿拉伯數位幻方。圖 20.7（b）是該幻方數位對應的阿拉伯數字。

　　據考證，這個幻方可能是「西域人」札馬剌丁帶來的。據傳，成吉思汗的孫子蒙哥，派旭烈兀西征時，曾命他將當時著名的中亞科學家納速剌丁帶回中國，但旭烈兀進入波斯後，並沒有把納速剌丁送回，而是帶著他繼續西征巴格達，改派精通天文的札馬剌丁替安西王推算曆法。所以推測前述阿拉伯文幻方鐵板，為札馬剌丁所帶。

1	15	24	8	17	1	15	24	8	17	1	15	24	8	17
23	7	16	5	14	23	7	16	5	14	23	7	16	5	14
20	4	13	22	6	20	4	13	22	6	20	4	13	22	6
12	21	10	19	3	12	21	10	19	3	12	21	10	19	3
9	18	2	11	25	9	18	2	11	25	9	18	2	11	25
1	15	24	8	17	1	15	24	8	17	1	15	24	8	17
23	7	16	5	14	28	7	16	5	14	23	7	16	5	14
20	4	13	22	6	20	4	13	22	6	20	4	13	22	6
12	21	10	19	3	12	21	10	19	8	12	21	10	19	3

圖 20.6

۲۸	۴	۳	۳۱	۳۵	۱۰
۳۶	۱۸	۲۱	۲۴	۱۱	۱
۷	۲۳	۱۲	۱۷	۲۲	۳۰
۸	۱۳	۲۶	۱۹	۱۶	۲۹
۵	۲۰	۱۵	۱۴	۲۵	۳۲
۲۷	۳۳	۳۴	۶	۲	۹

(a)

28	4	3	31	35	10
36	18	21	24	11	1
7	23	12	17	22	30
8	13	26	19	16	29
5	20	15	14	25	32
27	33	34	6	2	9

(b)

圖 20.7

對於幻方，人們會提的問題大致有三：一是對哪些 n，n 階幻方存在？二是如果幻方存在，如何去構造它？三是對給定的 n，構造出的幻方有多少種？

第一個問題是人們早已解決的，即除 2 之外，其餘各階幻方均存在。第二個關於幻方的構造問題，早在 1275 年，數學家楊輝就提出過由自然方陣構造 4 階幻方的原則，即在自然方陣中，兩對角線上數字不動，其餘的數字如圖 20.8（b），移到中心對稱的位置上去。以上的構造方法，對於階數是 4 的倍數的幻方都適用，讀者可以自行練習。奇數階幻方的構造稍複雜一些，但也有一定的規則，這裡就不多說了。

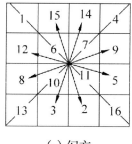

(a) 幻方　　　　　　　　(b) 自然方陣

圖 20.8

以下我們集中研究半偶數階（即階數是不能被 4 除盡的偶數）幻方的構造。有一種有效的方法，稱為加層。

圖 20.9

以 6 階幻方為例，我們可以在一個 4 階幻方的外圍加上一層（圖 20.9）。由於 6 階幻方有 36 個數，4 階幻方只有 16 個數，所以必須增加 20 個數。不過，這 20 個數必須取 1 ～ 36 的前 10 個和後 10 個。而讓 11 ～ 26 組成核心的 4 階幻方，只要把原 4 階幻方每數加 10 即可，此時

新變換的常數 $N'_4 = N_4 + 40 = 74$。注意到 $N_6 = 111$，就知道新增層的同行或同列兩個空格之和必須是 $N_6 - N'_4 = 37$。從而只能在以下甲、乙對偶中去選取（表 20.1）。

表 20.1 甲、乙對偶表

甲	1	2	3	4	5	6	7	8	9	10
乙	36	35	34	33	32	31	30	29	28	27

由於乙組 4 個數之和至少為 114，又甲組 4 個數之和至多為 34。從而容易推知，新增層的行和列都只能由 3 個甲組的數配 3 個乙組的數構成。事實上，如果該行有 4 個甲組數，則該行 6 個數字之和必不大於 $34 + 36 + 35 = 105$，這與該行 6 數之和為 $N_6 = 111$ 不合。同理，如果該行有 4 個乙組數，則該行 6 個數字之和必不小於 $114 + 1 + 2 = 117$，這也與該行數字和為 111 矛盾。

現在我們選取 1、2 為兩個角的數，第一列的其餘空格設為 x，$37 - x_1$，$37 - x_2$，$37 - x_3$，這裡 x，x_1，x_2，x_3 規定都是甲組數。由已知

$1 + 2 + x + (37 - x_1) + (37 - x_2) + (37 - x_3) = 111$ 整理得 $3 + x - x_1 + x_2 + x_3$，由於上式右端不小於 $3 + 4 + 5 = 12$，而左端不大於 $3 + 10 = 13$，從而可能有 $x = 9$ 和 $x = 10$ 兩種情形。

173

　　若 $x = 9$，則應有 $x_1 = 3$，$x_2 = 4$，$x_3 = 5$，由此可以推出如圖 20.10 所示的解。圖中除 4 個角以外，同行或同列數字的排序可以任意，其餘的空格可以依對偶規律填補。

　　又若 $x = 10$，則可得 $x_1 = 3$，$x_2 = 4$，$x_3 = 6$，相應的一個 6 階幻方如圖 20.11 所示。

1	9				2
6					
10					
					7
					8
35		3	4	5	36

圖 20.10

1	10	34	33	31	2
7	11	25	24	14	30
8	22	16	17	19	29
32	18	20	21	15	5
28	23	13	12	26	9
35	27	3	4	6	36

圖 20.11

　　關於幻方的第 3 個問題，今天人們已經知道不同的 4 階幻方有 880 種，而不同的 5 階幻方有 275,305,224 種。至於其他類型幻方的種數，這是一門豐富的數學新分支 —— 組合數學研究的課題，這裡就不多介紹了。

二十一、

47 年與 17 秒

在〈二十、數學世界的「海市蜃樓」〉中，讀者已經領略了幻方園地的獨有風貌，本節我們將展示這個領域的今古奇觀。

幻方突破方陣限制，至少可以追溯到 700 年前，在 1275 年出版的中國古代著作《續古摘奇算法》中，就記載了圖 21.1 所示的幻方，稱為「攢九圖」。這是一個奇特的圓形幻方，由 1 ～ 33 的自然數，排成 4 個同心圓。中心置 9，並形成 4 條直徑。各直徑上的數字和均為 147，各圓周上的數字和都等於 138。

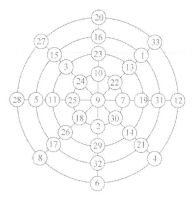

圖 20.1

圖 21.2 是一個六角星形的幻方，幻方中的每一直線上 4 個數字和均為 26，而 6 個角上的數字和也是 26。這個幻方雖然簡單，但不乏趣味，可以使人樂在其中。

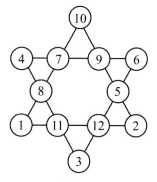

圖 21.2

對於「反幻方」的研究，始於著名的美國數學科普作家、幻方大師馬丁．葛登能（Martin Gardner，1914 ～ 2010）。大家知道，對幻方來說，「變幻常數」是至關重要的。例如，當我們知道了一個 3 階幻方的變幻常數 N，實際上就等於知道了占中央位置的數 x_5（圖 21.3）。這是由於，從含有 x_5 的定數式可得

x_1	x_2	x_3
x_4	x_5	x_6
x_7	x_8	x_9

圖 21.3

$$\begin{cases} x_2+x_5+x_8=N \\ x_4+x_5+x_6=N \\ x_1+x_5+x_9=N \\ x_3+x_5+x_7=N \end{cases}$$

以上各式相加，得

$(x_1 + x_2 + x_3) + (x_4 + x_5 + x_6) + (x_7 + x_8 + x_9) + 3x_5 = 4N$

從而

$$3N+3x_5=4N$$

$$x_5=\frac{1}{3}N$$

利用這個性質，我們可以透過少量的已知數字，推斷出未知的幻方。例如，我們已知某 3 階幻方變幻常數為 N ＝ 111，其餘的已知數字如圖 21.4 所示。如何填出題中幻方所缺的數字，這對鍛鍊思維無疑是一個很好的練習。

馬丁·葛登能考量的是，把 1，2，3，……，9 隨意地填在 3 階方陣的 9 個格子內，會出現什麼現象呢？他發現，在一般情況下，總會出現一些行、一些列或對角線上的數字和相等。於是葛登能提出了疑問，是否存在一個方陣，它的任一行，任一列，或對角線上數字和都不相等呢？這就是「反幻方」問題。後來，葛登能終於找到了這種反幻方。有趣的是，反幻方中的 9 個數，竟然形成接續的「一條龍」（圖 21.5）。

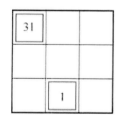
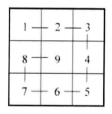

圖 21.4　　　　　圖 21.5

在幻方中最奧妙、最壯觀的，大概要數「雙料幻方」（圖 21.6）。這是一個 8 階幻方，它的每行、每列、每條對角線上的 8 個數，不僅和為定數 840，而且積也為定數，

等於 2,058,068,231,856,000。這可真是天工造物，真不知當初人們是怎麼想出來的！

46	81	117	102	15	76	200	203
19	60	232	175	54	69	153	78
216	161	17	52	171	90	58	75
135	114	50	87	184	189	13	68
150	261	45	38	91	136	92	27
119	104	108	23	174	225	57	30
116	25	133	120	51	26	162	207
39	34	138	243	100	29	105	152

圖 21.6

把幻方的研究從平面推向立體似乎是件自然的事。所謂「幻立方」，一般是指用 $1 \sim n^3$ 個自然數，填入 $1 \sim n^3$ 個小立方體，使立方體的每個剖面正方形上的每行、每列、每條對角線上各數的和都等於定數。「幻立方」問題要比幻方問題困難得多。人們已經證明 3 階、4 階標準幻立方不存在。國外已有高手做出 5 階標準幻立方。6 階標準幻立方是否存在，目前人們還不清楚。7 階幻立方已經有人做出，8 階幻立方誕生於 1970 年春天，作者還是學生呢！

　　翻開整部幻方的歷史，最稀有和最富戲劇性的，莫過於六角幻方。

　　1910 年，一個名叫亞當斯的年輕人對六角幻方產生了濃厚興趣。由於一層六角幻方顯然是不存在的，否則在圖 21.7 中，從 $x+y=y+z$，將得出 $x=z$，這是不允許的。於是，亞當斯把自己的全部注意力，都集中在由 19 個陣列成的兩層六角幻方上。

　　他利用自己在鐵路公司閱覽室當職員之便，用一切空閒的時間，不停地擺弄 1 ～ 19 這 19 個數，如此這般度過了漫漫的 47 個春秋。這時的亞當斯已不再是過去英姿煥發的年輕人。無數的失敗、挫折和無情的歲月，使他成了兩鬢斑白的老人，但亞當斯依舊興趣不減。在 1957 年的一天，生病中的亞當斯，在病床上無意中排列成功。他驚喜萬分，連忙翻身下床找紙把它記錄下來。幾天後他病癒出院，到家時卻不幸地發現，那張記錄六角幻方的紙竟然不見了！

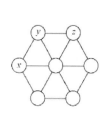

圖 21.7

然而亞當斯並沒有因此灰心，他繼續奮鬥了 5 年，終於在 1962 年 12 月的一天，重新找到了那個丟失的圖形（圖 21.8）。這時的亞當斯已是古稀之人。

　　亞當斯排出了六角幻方，激動無比。他對此視若珍寶，並把它拿給馬丁·葛登能鑑賞。面對這巧奪天工的奇珍，馬丁博士頓感眼界大開，並為此寫信給才華橫溢的數學遊戲專家特里格。特里格試圖在亞當斯六角幻方的基礎上，對層數做出突破，但經過反覆的研究，他終於驚奇地發現，自己所做的一切努力都是無用！兩層以上的六角幻方根本不存在！

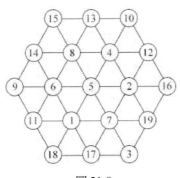

圖 21.8

　　1969 年，滑鐵盧大學二年級學生阿萊爾對特里格的結論，做出了以下極為簡單、巧妙的證明：

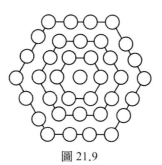

圖 21.9

　　設六角幻方層數為 n，則中心有 1 個數，第 1 層有 6 個數，第 2 層有 12 個數，第 n 層有 6n 個數（圖 21.9）。若整個幻方總共有 N 個數，則

$$N = 1 + 6 + 12 + \cdots + 6n = 1 + \frac{1}{2}(6 + 6n)n$$

$$= 3n^2 + 3n + 1$$

設這 N 個數之和為 M，則

$$M = 1 + 2 + \cdots + N = \frac{1}{2}N(N + 1)$$

$$= \frac{1}{2}(3n^2 + 3n + 1)(3n^2 + 3n + 2)$$

　　由於 n 層六角幻方應當有 2n＋1 列，且每列數字的和均相等，所以（2n＋1）必須除盡 M。由於

182

$$M = \frac{1}{2}(3n^2 + 3n + 1)(3n^2 + 3n + 2)$$

$$= \frac{1}{2}[(2n+1)(n+1) + n^2][(2n+1)(n+1) + (n^2+1)]$$

因而 n^2（$n^2 + 1$）也應被（$2n + 1$）整除。又因 n^2 也應被（$2n + 1$）整除。又因它們的和為（$n + 1$）^{2}，所以（$2n + 1$）必須整除 $n^2 + 1$，但

$$4(n^2 + 1) = (2n + 1)(2n - 1) + 5$$

這意味著，（$2n + 1$）必須整除（$2n + 1$）（$2n - 1$）＋ 5，也就是必須整除 5。這樣，只能是 $2n + 1 = 1$ 或 $2n + 1 = 5$。前者推出 $n = 0$，只剩下中心一個點，後者得到 $n = 2$，即六角幻方只能有兩層。

後來阿萊爾更上一層樓，把六角幻方的可能選擇輸入電腦測試。結果用了 17 秒，得出了與亞當斯完全相同的結果。電腦向人類莊嚴宣告：普通的幻方可能有千千萬萬種排法，但六角幻方卻只能有亞當斯這個排法！難怪亞當斯為此花了 47 年呢！

二十二、

穩操勝券的對策遊戲

對數學家來說，一個有意義的對策或遊戲，往往不必進行到最後，便能洞悉最終的結局，有時甚至一開始就能捕捉決勝的機遇。

下面是一個著名的古典對策遊戲：兩個人坐在一張普通的圓桌旁，輪流往桌面上擺硬幣，雙方約定，所放的硬幣必須是同樣幣值的，且均須平放而不許重疊。誰在桌上放下最後一枚硬幣，誰就是勝利者。

對這個問題，數學家們將做何評論呢？他們會毫不遲疑地說：「要是我，一定選擇先放！」

在數學家看來，整個對策遊戲處於對稱狀態。若把第一枚硬幣擺在圓桌的中央，然後按「對稱」原則，每當對方放下一枚硬幣時，我們就在以圓桌中心為軸心，與硬幣對稱的位置上也放一枚。只要對方尚有地方放，我方也一定會有對稱的地方放，直到對方無處可放為止。這種遊戲的獲勝策略，在數學家的腦海裡是無與倫比的清晰。

范紐曼（John Von Neumann，1903～1957）是當代傑出的數學家，賽局理論的創始人。有一次，有人向他請教一個遊戲問題：9 張撲克牌，分別是 A（作為 1 點），2，3，……，9。兩人輪流取一張牌，已取走的牌不能重新放回去，誰手中的 3 張牌的點數加起來等於 15，就算誰贏。那要怎樣取牌才能獲勝呢？范紐曼教授想了 1 分鐘，

說道：「這個遊戲倒有點意思！先拿的人略占便宜，但是後拿的人如果應付得當，一定可以打成平手。」經教授點破後，向他請教的人終於恍然大悟。

那麼在范紐曼教授的眼裡，這是怎樣的一個問題呢？大家一定還記得〈二十一、數學世界的「海市蜃樓」〉中說到的幻方「洛書」吧！遊戲中要求拿到的 3 張牌的點數和為 15，實則就是要盡量讓自己所拿的 3 張牌，恰好是洛書中的某行、某列或對角線上的 3 個數字（圖 22.1）。這樣，我們所說的對策問題，跟大家所熟悉的「圈圈叉叉」遊戲（圖 22.2），是完全一樣的。「圈圈叉叉」的玩法是，兩人輪流在一個井字格裡分別畫「○」或「×」，誰能把自己所畫的「○」或「×」連成一條直線，就算誰贏。

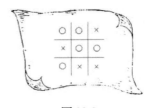

圖 22.1　　　　　　　圖 22.2

並不是所有對策遊戲的決勝策略，都像上面講到的那麼簡單。有時數學家對遊戲中所使用的數學方法，其興趣要遠遠超過遊戲本身。

　　1907 年，數學家威佐夫（Wythoff）發明了一項兩人玩的遊戲。在這個遊戲中，兩人輪流從甲、乙兩堆火柴中移走一些火柴。開始時，每堆火柴的數目是任意的，比如分別為 p 和 q。我們用序對（p，q）來表示此時火柴的狀態。

　　遊戲的規則是，每次可用以下 3 種方法之一移動火柴：

　　（1）從甲堆中移走一些火柴；

　　（2）從乙堆中移走一些火柴；

　　（3）從兩堆中各移走數目相同的火柴。

　　用代數方法表達這些規則，就是把（p，q）變成下列 3 種序對之一：（p－t，q），（p，q－t），（p－t，q－t）。由於規定每次至少移動 1 根火柴，所以 t ≥ 1。不過 t 的選取取決於參加遊戲的人，甚至可以取走整個一堆，只是誰取走最後 1 根火柴，就算誰贏。

　　例如，開始遊戲時的火柴狀態為（17，14），由 A 先拿：

　　A 拿成（16，13），B 拿成（9，13）；

　　A 拿成（9，7），B 拿成（6，7）；

　　A 拿成（4，7），B 拿成（4，2）；

　　A 拿成（1，2）*，B 拿成（1，1）、（0，1）、（0，2）或（1，0）；

　　A 拿成（0，0）＊獲勝。

如圖 22.3 所示，不難看到，A 達到打有「*」號的數偶（1，2）是關鍵的一步，因為此時 A 實際上已經獲勝，此後 B 無論怎樣應對，都必定失敗。所以我們稱（1，2）為獲勝位置。當然，（0，0）更是獲勝位置。

　　從最末一個獲勝位置（0，0）開始，我們可以推出下面這張獲勝位置表（表22.1），這張表可以經由逐一嘗試找到。

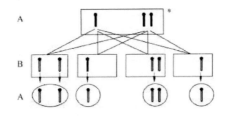

圖 22.3

表 22.1 獲勝位置表

倒算順序	獲勝位置（p，q）*	p	q	$\lvert p-q \rvert$
1	(0,0)	0	0	0
2	(1,2)	1	2	1
3	(3,5)	3	5	2
4	(4,7)	4	7	3
5	(6,10)	6	10	4
6	(8,13)	8	13	5
7	(9,15)	9	15	6
8	(11,18)	11	18	7
9	(12,20)	12	20	8
⋮	⋮	⋮	⋮	⋮

例如，當 A 拿成（3，5）時，此後無論 B 怎樣應付，都有：

B（3，4）；A（1，2）＊勝。

B（3，3）；A（0，0）勝。

B（3，2）；A（2，1）＊勝。

B（3，1）；A（2，1）＊勝。

B（3，0）；A（0，0）勝。

B（2，5）；A（2，1）＊勝。

B（1，5）；A（1，2）＊勝。

B（0，5）；A（0，0）勝。

因此得出（3，5）也是一個獲勝位置。可以看出，表 22.1 中的 p、q 有以下規律：

（1）表中的 |p － q| 欄，按自然順序遞推；

（2）除 0 以外，p、q 兩欄的數字，既不重複、又不遺漏地包含了所有的自然數；

（3）表中某個獲勝位置的 p 值，恰是前面所有獲勝位置中，尚未出現過的最小自然數。

根據上面 3 條，我們能把獲勝位置的表，無限制地延續下去。如表 22.1 中緊接著未寫出的獲勝位置（m，n）可以這樣推出：首先 m 應是前面沒出現過的最小整數，即

得 m ＝ 14，又 n － m ＝ 9，得 n ＝ 23。從而，表中下一個獲勝位置為（14，23）……如此等等。

威佐夫教授證明：一旦甲達到了某個獲勝位置，那麼乙接下去絕不可能達到表中的其他獲勝位置。反過來，如果乙所達的位置不在表中，則甲接下去一定有辦法把火柴拿成表中的獲勝位置。

也就是說，甲一旦拿成獲勝位置，那麼實際上他已經穩操勝券。

威佐夫教授的證明並不太難，但遊戲中實際拿成所說的位置，似乎要更容易些。作為遊戲，上面的結論自然已經圓滿，但數學家們的探索，卻遠沒有到此結束。

1926 年，加拿大多倫多大學的山姆・比提（Sam Beatty）教授，發現了一個重要事實：對一個正無理數 x 和它的倒數 y，以下兩個序列：

$$1 + x，2（1 + x），3（1 + x），……$$
$$1 + y，2（1 + y），3（1 + y），……$$

的整數部分（用 [] 表示）合起來恰好不重複地包含了除 0 以外的全部自然數。

在上述基礎上，威佐夫以數學家特有的敏銳眼光，指出了相應於數 $x = \dfrac{-1 + \sqrt{5}}{2} \approx 0.618$ 比例的序列

$$\left(\left[n\left(1+x\right)\right]\cdot\left[n\left(1+\frac{1}{x}\right)\right]\right) \quad (n=1,2,3,\cdots)$$

對於不同的 n，給出了威佐夫遊戲中序號為 n 的獲勝位置。

讓人驚訝的是，這裡的 x，竟是有「宇宙美神」之稱的黃金比例。

二十三、

奇特的正方分割

一個人在學生時代的興趣，對於其後的一生，將產生難以估計的影響。

1936 年，英國劍橋大學三一學院的 4 名學生塔特（Tutle）、斯通（Stone）、布魯克斯（Brooks）和史密斯（Smith），同時對以下的正方分割問題產生興趣。正方分割是指把正方形或矩形分割成邊長不等的小正方形。當時人們已經知道，長 33、寬 32 的矩形，能夠做出如下的正方分割（圖 23.1）。

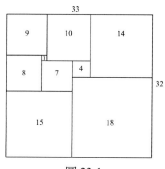

圖 23.1

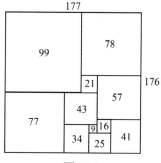

圖 23.2

儘管 4 名學生研究的課題是一致的，但他們考量的側重點各不相同。斯通從一開始就想證明：不可能對正方形進行正方分割。然而，他沒辦法證明這一點，卻在探索中找到了另一個可以正方分割的矩形（圖 23.2）。塔特等人則致力於研究正方形正方分割的理論，但他們都沒能實際上找到一個正方形可以正方分割。經過幾年的摸索和失

敗，他們開始傾向於斯通的看法，即可以正方分割的正方形是不存在的。

但出乎人們意料的是，1939 年，在英吉利海峽的另一側，響起了一聲驚雷。柏林的施帕拉格居然實實在在地找到了一個能夠正方分割的正方形。這對斯通、塔特等人無疑是一記悶棍。但挫折並沒有使他們氣餒，他們很快改變自己的研究策略，在理論指導下，終於也找到了一個由 39 塊正方分割的正方形。這個成果大大增加了他們繼續研究的信心，並開始了各自漫長而成功的探索歷程。光陰流逝，一晃過去了幾十年。當年的大學生透過對正方分割的研究，如今都成了蜚聲數壇的組合數學專家和圖論專家。他們的研究成果被成功地運用到電子、化學、建築學、通訊科學和電腦等多種學科，成為造福人類的有力工具。

那麼 4 名大學生當年是怎麼著手研究正方分割的呢？說起來也簡單：先作一個矩形的正方分割草圖，然後用盡可能少的未知數，標出每個正方形的邊長，再寫出這些邊長應該滿足的關係式，最後解出這個方程組。

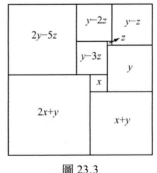

圖 23.3

195

　　例如，先擬一個如圖 23.3 所示的正方分割的矩形草圖，標出圖中相鄰的 3 個正方形的邊長 x、y、z。然後按照下列順序標出其餘小正方形的邊長為

$$x + y；$$
$$2x + y；$$
$$y - z；$$
$$y - 2z；$$
$$y - 3z；$$
$$2y - 5z；$$

　　現在，由矩形對邊相等的條件得出

$$\begin{cases} (2y - 5z) + (y - 2z) + (y - z) = (2x + y) + (x + y) \\ (2x + y) + (2y - 5z) = (x + y) + y + (y - z) \end{cases}$$

　　即

$$\begin{cases} 3x - 2y + 8z = 0 \\ x - 4z = 0 \end{cases}$$

　　若設 $z = 1$，即得 $x = 4$，$y = 10$，代入圖 23.3 中就得到本節最初說的 33×32 的矩形正方分割。

　　很明顯，如果我們進一步要求所擬草圖是正方形，那麼還必須加上條件

$$（2y - 5z）+（2x + y）=（2x + y）+（x + y）$$

即 $x - y + 5z = 0$

這樣，方程組

$$\begin{cases} 3x - 2y + 8z = 0 \\ x - 4z = 0 \\ x - y + 5z = 0 \end{cases}$$

就只能有 $x = y = z = 0$ 的解了。這意味著這種草圖的正方形正方分割是不存在的。

對於解一次方程組，大家都有這樣的經驗：當未知數的個數多於方程式個數時，方程組一般有無窮多組解；而當未知數的個數少於方程式個數時，方程組一般無解；對所有方程式都不存在非零常數項，且方程式個數不少於未知數的個數時，方程組一般只有「零解」，正如上例中大家看到的那樣。大概就是由於這種原因，斯通當初才認定不存在正方形的正方分割。

自從 1939 年施帕拉格找到正方形的正方分割之後，人們的注意力便轉移到「尋求一個用分割的小正方形的個數最少的（即最低階的）正方分割」。這方面值得提到的，是英國業餘數學家威爾科克斯曾經找到了一個 37 階的正方形的正方分割。這個紀錄曾經保持了相當長的時

間，直到威爾科克斯本人又找到一個24階的新圖形為止。
但這個新的圖形，由於內部構造可以分離出一個矩形部
分，而使人感到美中不足。

　　令人興奮的是，1964 年，塔特的一個學生 —— 滑鐵
盧大學的威爾遜博士 —— 用電腦找到了如圖 23.4 所示，
完美的正方形的正方分割。12 年後的 1976 年，人們又藉
助電腦，找到了 21 階的正方形的正方分割（圖 23.5）。
這已經是正方形能夠正方分割的盡頭。因為理論上已經證
明，低於 20 階的正方形的正方分割是不存在的。

　　隨著正方分割研究的深入，不少人對立方分割問題也
有了濃厚興趣。然而這種努力只能是徒勞，因為不難證
明，用有限個不相等的立方塊去填滿一個長方形的盒子，
是不可能的。

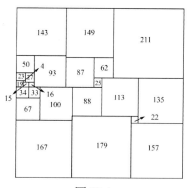

圖 23.4

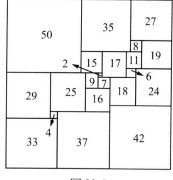

圖 23.5

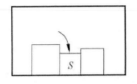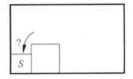

圖 23.6

　　事實上，對這個盒子的任何一種成功的填充，位於底部的立方塊，必然提供了盒子底部矩形的一個正方分割。從圖 23.6 可以看出，在所有與該底面接觸的立方塊中，最小的一個立方塊 S 必不能接觸豎面對，否則一定還要有一個更小的立方塊接觸立方塊，必然提供了盒子底部矩形的一個正方分割。從圖 23.6 可以看出，在所有與該底面接觸的立方塊中，最小的一個立方塊 S 必不能接觸豎面對，否則一定還會有一個更小的立方塊接觸底面。這樣一來，S 的四周一定如圖 23.7 那樣，被較大的立方體的側壁圍了起來。為了蓋住 S 的上表面，務必用到一個更小的立方塊 S'。同理，S' 又應位於 S 表面的中間部分，它又被較大的立方體側壁所圍住，因而為了蓋住 S' 的上表面，又須用一個更小的立方塊 S''⋯⋯如此等等，相同的討論可以無限制地進行下去。這顯然與原先的要求相悖，因為分割長方體的小立方塊不可能是無限的。

二十三、奇特的正方分割

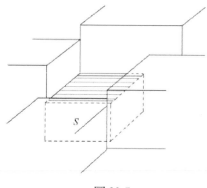

圖 23.7

　　想不到，立體情形的解決，反倒比平面情形的解決輕
鬆得多！

二十四、

獻給學生也獻給教師

我們的周圍充滿著未知，這種未知大半是由於人類智慧和認知的限制。幾千年來的科學和文明，構築了無數從未知通向已知的路。

代數這個詞，首見於 9 世紀的一份阿拉伯手稿，這份手稿討論的是解方程式的規則。直到 100 多年以前，代數還是方程式理論的泛指。隨著時間的推移，今天這門學科已在抽象方面走得很遠，遠非昔日可比。

對於新的一代，古老的方程式理論，仍不失為科學大廈的堅實基礎。但人類不可能、也不應當用有限的生命，去重複過去的認知。於是，需要藉助教育，求學於老師。然而，智慧的接力是一項高超的藝術，瑞典數學家弋丁在《數學概觀》一書中寫了以下這則發人深省的寓言：

老師對班上的同學說：「我要跟你們講解正比例的概念。這個概念在數學、物理學、社會科學和日常生活中都有用處。它考量兩個變數 x 和 y，其中 y 依賴於 x，其定義如下。」（他轉過身去面向黑板，開始寫）

「y 與 x 成比例，如果存在一個數 a，使得對 x 的每個值以及 y 的對應值，都有 $y = ax$。」

然後他轉過身來看著全班同學。只有一、兩個人懂了。老師再試著講解：「好了，你們看，我剛才寫的是什

麼意思。例如，假定我們令 a ＝ 2。」（他又轉過身面向黑板，並寫下）「對所有的 x，y ＝ 2x。」

他又轉過身來，看著全班同學，現在幾乎每個人都懂了，但還是有兩張發呆的臉。老師再試著講解：「好，你們看，我剛才寫的是什麼意思。比如說，假定我們令 x ＝ 3，那麼 y ＝ 6。」（他在黑板上寫）「6 ＝ 2×3。」

他轉過身來看著全班同學。

這下子，每個人都明白了！

這則寓言是如此深刻地印在筆者的腦海，以至於決心嘗試用非教學的方式，實現人類智慧接力的傳遞。透過上下兩千年數學史中曲折的道路、發光的思想、成功的喜悅、失敗的教訓，融方法於故事，寓知識於趣味。這就是本書作者所要立意奉獻的。

它，既獻給學生，也獻給教師！

電子書購買

爽讀 APP

國家圖書館出版品預行編目資料

未知中的已知，代數的千年發展史！勾股定理 ×
大衍求一術 × 代數求解 × 幾何作圖，從代數學
發展到生活中的應用，數學用「未知」來解答！
/ 張遠南，張昶 著 . -- 第一版 . -- 臺北市：崧燁文
化事業有限公司 , 2024.07
面；　公分
POD 版
ISBN 978-626-394-477-0(平裝)
1.CST: 數學 2.CST: 通俗作品
310　　　113008948

未知中的已知，代數的千年發展史！勾股定理 × 大衍求一術 × 代數求解 × 幾何作圖，從代數學發展到生活中的應用，數學用「未知」來解答！

臉書

作　　　者：張遠南，張昶
發 行 人：黃振庭
出 版 者：崧燁文化事業有限公司
發 行 者：崧燁文化事業有限公司
E - m a i l：sonbookservice@gmail.com
粉 絲 頁：https://www.facebook.com/sonbookss/
網　　　址：https://sonbook.net/
地　　　址：台北市中正區重慶南路一段 61 號 8 樓
8F., No.61, Sec. 1, Chongqing S. Rd., Zhongzheng Dist., Taipei City 100, Taiwan
電　　　話：(02) 2370-3310　　　傳　　　真：(02) 2388-1990
印　　　刷：京峯數位服務有限公司
律師顧問：廣華律師事務所 張珮琦律師

定　　　價：375 元
發 行 日 期：2024 年 07 月第一版
◎本書以 POD 印製
Design Assets from Freepik.com